FUNDAMENTOS DA ANÁLISE FRACTOGRÁFICA DE FALHAS DE MATERIAIS METÁLICOS

Associação Brasileira de
Metalurgia, Materiais e Mineração

Coleção de Livros ABM em
Metalurgia, Materiais e Mineração

Cássio Barbosa

FUNDAMENTOS DA ANÁLISE FRACTOGRÁFICA DE FALHAS DE MATERIAIS METÁLICOS

Fundamentos da análise fractográfica de falhas de materiais metálicos

Publisher Edgard Blücher

Editor Eduardo Blücher

Coordenação editorial Jonatas Eliakim

Produção editorial Lidiane Pedroso Gonçalves

Preparação de texto Ana Lúcia dos Santos

Diagramação Taís Lago

Revisão de texto Maurício Katayama

Capa Laércio Flenic Fernandes

Imagem da capa iStockphoto

Blucher

Rua Pedroso Alvarenga, 1245, 4° andar
04531-934 – São Paulo – SP – Brasil
Tel 55 11 3078-5366
contato@blucher.com.br
www.blucher.com.br

Segundo o Novo Acordo Ortográfico, conforme 5. ed. do *Vocabulário Ortográfico da Língua Portuguesa*, Academia Brasileira de Letras, março de 2009.

Dados Internacionais de Catalogação na Publicação (CIP)
Angélica Ilacqua CRB-8/7057

Barbosa, Cássio
Fundamentos da análise fractográfica de falhas de materiais metálicos / Cássio Barbosa. – São Paulo : Blucher, 2021.
166 p. (Coleção de Livros ABM em Metalurgia, Materiais e Mineração

ISBN 978-65-5506-182-6 (eletrônico)
ISBN 978-65-5506-181-9 (impresso)

1. Análise fractográfica. 2. Metais. 3. Fraturas. I. Título II. Série

21-2542 CDD 669.95

Índices para catálogo sistemático:
1. Análise fractográfica de metais

APRESENTAÇÃO DA COLEÇÃO DE LIVROS ABM

A Coleção de Livros ABM em Metalurgia, Materiais e Mineração, criada em 2005, tem por principais objetivos suprir lacunas de conhecimentos e estimular o desenvolvimento de pessoas.

De forma a ter uma abordagem mais didática, a coleção foi segmentada em quatro séries:

Livros de Referência – apresentam-se como materiais para consulta rápida de informações úteis, gerais ou focalizadas em um determinado campo do conhecimento, abrangendo, normalmente, tabelas, estatísticas, definições, exemplos, históricos e outros tipos de conteúdo.

Obras de Difusão – têm o propósito de levar a notícia e o conhecimento até o leitor comum, familiarizando-o com a natureza do progresso científico e tecnológico, bem como apresentar implicações econômicas, sociais e políticas, em uma sociedade exposta a constantes mudanças.

Livros de Atualização – fornecem ao leitor mais experiente a abordagem de assuntos especializados que complementam o conhecimento técnico-científico, além de atualização sobre os progressos nas áreas de metalurgia, materiais e mineração.

Livros-texto – destinam-se a leitores iniciantes ou que queiram se aprofundar no assunto, abordando temas de Fundamentos, Matérias-primas e Processos, Produtos e Aplicações e Gestão, seguindo uma sequência lógica de assunto e grau progressivo de dificuldade, compatíveis com a finalidade didática do livro.

O livro *Fundamentos da análise fractográfica de falhas de materiais metálicos* é fruto de mais uma parceria entre ABM e Editora Blucher, e vem enriquecer a Coleção de Livros, contribuindo com a série Livros-texto.

abm
Associação Brasileira de Metalurgia, Materiais e Mineração

Ronaldo Barbosa
Editor-chefe

SOBRE O AUTOR

Engenheiro metalúrgico vinculado ao Instituto Nacional de Tecnologia (INT) desde 2002.

Professor do Departamento de Engenharia Mecânica da Universidade Santa Úrsula (USU), de 2006 a 2008.

Graduado em Engenharia Metalúrgica pela Escola Politécnica da Universidade Federal do Rio de Janeiro (UFRJ, 1990), Mestre (MSc., 1993) e Doutor (DSc., 2001) em Engenharia Metalúrgica e de Materiais pelo Instituto Alberto Luiz Coimbra de Pós-Graduação e Pesquisa de Engenharia da Universidade Federal do Rio de Janeiro (Coppe/UFRJ).

Colaborador do site Infomet: <http://www.infomet.com.br>.

Membro da Associação Brasileira de Metalurgia, Materiais e Mineração (ABM) desde 1988 e instrutor de cursos dessa instituição a partir de 2013.

Instrutor do Curso Inspetor de Fabricação – Modalidade A.T, da Fundação Brasileira de Tecnologia da Soldagem (FBTS) e do Instituto SENAI de Ensino Superior (ISES/SENAI–RJ), nos módulos: Tipos de Materiais, Introdução aos Processos de Fabricação e Metalurgia da Soldagem entre 2011 e 2012.

Instrutor do Curso de Engenharia de Soldagem, do ISES/SENAI–RJ, na disciplina Metais Não Ferrosos entre 2011 e 2018.

Instrutor do Curso de Engenharia de Materiais do IPETEC/UCP entre 2013 e 2015.

Engenheiro de processos e gerente de fundição na Ficap/Marvin SA de 1994 a 1996.

Autor dos livros: *Metais não ferrosos e suas ligas – microestrutura, propriedades e aplicações* (editora E-Papers); e *Caracterização: ligas de alumínio extrudadas/soldadas p/centelhamento* (editora Novas Edições Acadêmicas).

Coautor dos capítulos: "Corrosion: Material Performance and Cathodic Protection" em *WIT Transactions on Engineering Sciences*, v. 72, do Wessex Institute, Southampton, UK; e "Materials Design and Applications II", em *Advanced Structured Materials*, v. 98.

Depositante do pedido de patente de invenção no Instituto Nacional da Propriedade Industrial (INPI), em 18 de junho de 2015: "Processo de obtenção de implantes cirúrgicos por deformação plástica a partir de pó de titânio", protocolado sob o número BR 10. 2015.014378-8.

DEDICATÓRIA

Dedico este livro à minha filha, Bruna; à minha esposa, Flávia; à memória do meu pai e à minha mãe; aos meus irmãos, sobrinhos, parentes e amigos; e aos meus três gatos, Theo, Manda-Chuva e Oliver.

AGRADECIMENTOS

Agradeço a todos aqueles que contribuíram, de um modo ou de outro, para a realização do trabalho que deu origem a este livro, em especial:

Ao Ibrahim de Cerqueira Abud, chefe do Laboratório de Caracterização de Propriedades Mecânicas e Microestruturais e do Instituto Nacional de Tecnologia (INT), pelo incentivo e pelo uso das imagens micrográficas deste livro.

À Iêda Maria Vieira Caminha, que muito me incentivou durante a realização dos cursos de análise de falhas, os quais serviram como base para o texto deste livro; e que me apoiou na obtenção da licença de capacitação no Instituto Federal para Pesquisa e Ensaios de Materiais (em alemão, *Bundesamstalt für Materialsforschung und -prüfung* – BAM), em Berlim, na Alemanha, onde estive de março a maio de 2019.

Ao Prof. Fernando Cosme Rizzo Assunção, diretor do INT, que também apoiou e incentivou minha licença de capacitação no BAM, assim como os colegas da Divisão de Ensaios em Materiais e Produtos (DIEMP) e da Divisão de Gestão de Pessoas (DIGEP) desse instituto.

Ao Dr. Dirk Bettge, do BAM, que me ajudou com referências bibliográficas e que me convidou para assistir a excelentes palestras sobre análise de falhas, durante minha licença de capacitação nesse instituto alemão.

Aos colegas Robson Oliveira Centeno, Jôneo Lopes do Nascimento, Mauro Melo Rodrigues, Rafael de Abreu Vinhosa, Wellington Gilbert Fernandes e Gerson Ortiz Gallo, que muito me ajudaram na obtenção de várias imagens de microscopia óptica no INT.

Aos operadores de microscópio eletrônico de varredura (MEV) do INT, que muito me ajudaram na obtenção de imagens fractográficas: Francisco Rangel, Sheyla Santana de Carvalho, Fernanda Santos, Edvan Silva Barbosa, Olívia Cypreste Pereira, Rachel Pereira Carneiro da Cunha, Davi de Almeida Lyra Corrêa e Alan Menezes do Nascimento.

Ao Ricardo Silva Tavares de Mello, que também muito me incentivou e ajudou-me a obter algumas referências bibliográficas sobre análise de falhas.

Aos colegas Sérgio Souto Maior Tavares, André Pelliccione e Cesar Roberto de Farias Azevedo, pelas diversas trocas de ideias sobre o tema da análise de falhas.

Aos professores da UFRJ, em particular, Oscar Acselrad, João Marcos Alcoforado Rebello, Fernando Luiz Bastian (em memória), Juan Carlos Garcia de Blas, João da Cruz Payão Filho e Luiz Carlos Pereira, que tiveram grande influência na minha formação como engenheiro metalúrgico.

CONTEÚDO

PREÂMBULO

A ciência dos materiais/da metalurgia física experimentou um forte impulso de desenvolvimento ao longo do século XX com o surgimento e o aprimoramento das técnicas de microscopia, principalmente da microscopia eletrônica de varredura (MEV). A obtenção de imagens com melhor resolução e maiores ampliações, bem como de informações quantitativas e semiquantitativas sobre a composição química de microrregiões, por meio de detectores de espectroscopia de energia dispersiva de raios X (EDS, em inglês, *Energy Dispersive X-Ray Spectroscopy*), emitidos pelo material das amostras após a incidência do feixe de elétrons primários, gerados e acelerados por uma determinada fonte posicionada no alto da coluna do microscópio, permitiu a melhor identificação das fases presentes na microestrutura desses materiais, tal conhecimento é de fundamental importância para avaliar suas características/propriedades e selecionar seu uso em diversas aplicações industriais. Nesse sentido, o objetivo deste livro é apresentar informações básicas sobre os fundamentos da análise de falhas de materiais metálicos.

O capítulo 1 aborda os conceitos básicos da análise de falhas. O capítulo 2 apresenta um histórico da fractografia, concentrando-se no uso da microscopia como ferramenta básica para a análise fractográfica. O capítulo 3 introduz a definição de fratura e apresenta seus tipos. O capítulo 4 define a fratura dúctil, apresentando aspectos macroscópicos e microscópicos desta, e descreve também os mecanismos envolvidos nesse tipo de fratura, assim como as variáveis que a afetam. O capítulo 5 traz definições sobre a fratura frágil e seus tipos – transgranular (clivagem) e intergranular –, além de descrever os agentes fragilizantes internos e externos. O capítulo 6 define a fratura por fadiga, apresentando seus aspectos macroscópicos e microscópicos, além de outros tipos mais específicos dessa fratura. O capítulo 7 aborda os fundamentos conceituais da análise de falhas. O capítulo 8 descreve métodos para a obtenção e a preparação de amostras para a análise fractográfica, incluindo a preservação e a limpeza das superfícies de fratura, o corte/seccionamento de uma amostra fraturada e a abertura de trincas secundárias. O capítulo 9 expõe noções sobre as categorias de falhas e suas definições, e, por fim, o capítulo 10 promove reflexões acerca dos conceitos básicos da análise e prevenção de falhas.

O principal propósito do autor é disponibilizar para engenheiros, estudantes de engenharia e para todos os que se deparam com casos práticos de análise de falhas um texto com informações técnicas básicas sobre a análise fractográfica de falhas de materiais metálicos, seja sob a forma de componentes com dimensões relativamente reduzidas, seja de estruturas de grandes dimensões, assim como trazer conceitos fundamentais da análise e prevenção de falhas, apresentando referências sobre estudos de caso – mas somente como leitura complementar, não como foco principal deste livro. Se for bem-sucedida a utilização deste material como livro de consulta ou de referência sobre os temas propostos, em português, acredita-se que ele terá cumprido satisfatoriamente a missão a que se destina.

CAPÍTULO 1
INTRODUÇÃO: CONCEITOS BÁSICOS

1.1 FALHA – CONCEITOS FUNDAMENTAIS

A análise de falhas é uma metodologia que utiliza vários tipos de técnicas analíticas para investigar as causas de um defeito que levou um dispositivo, equipamento ou uma estrutura ao colapso (1). Geralmente, essas causas estão relacionadas (1):

1. ao uso de materiais inadequados;
2. à presença de defeitos que surgem durante os processos de fabricação ou por causa de erros de projeto, de montagem/instalação ou de uso/manuseio.

- O conhecimento amplo sobre essas causas e a correção/prevenção de tais anomalias contribui para melhorar o desempenho de equipamentos semelhantes e evitar a repetição da ocorrência desse tipo de falha, melhorando não só a funcionalidade deles, mas também os requisitos de segurança.
- No caso de materiais metálicos, a abordagem da análise de falhas tenta correlacionar o aspecto visual da superfície de fratura às possíveis causas dessa anomalia, ao utilizar técnicas como a microscopia óptica (podendo incluir a caracterização microestrutural) e a microscopia eletrônica de varredura (MEV), que podem ser complementadas, quando necessário, por ensaios mecânicos, como o de dureza, principalmente.

1.2 TIPOS DE FALHAS

Embora casos práticos de falha de componentes, equipamentos e estruturas possam resultar de uma combinação de um ou mais tipos de fenômenos, é possível que estes sejam classificados em quatro tipos distintos (1):

- distorção;
- fratura;
- corrosão;
- desgaste.

Como a maioria dos casos de falha está relacionada à fratura dos materiais, esse tema será enfatizado nos próximos tópicos.

1.3 FRATURA: DEFINIÇÃO

A fratura pode ser definida basicamente como a separação de uma unidade metálica ou não metálica em duas ou mais partes (2,3). Suas causas e mecanismos podem ser vários e serão abordados mais adiante (4,5).

Frequentemente, a fratura de um material metálico está associada à presença de descontinuidades já existentes, geralmente originadas durante o processo de fabricação do produto, e que usualmente são denominadas de defeitos de fabricação.

Os cinco tipos de defeitos de fabricação mais comuns e que favorecem a ocorrência e a propagação da fratura são os seguintes (4):

a) **rebarbas laminadas**: inicialmente, são protuberâncias formadas durante a fundição na superfície do material que podem permanecer se não forem cuidadosamente removidas por esmerilhamento e, ao serem laminadas com o material, formam com este uma interface, que geralmente não está suficientemente aderida, gerando, assim, uma descontinuidade que atua como concentradora de tensões e favorece a ocorrência da fratura;

b) **gota fria laminada na superfície**: é um defeito associado à presença de um outro tipo de protuberância superficial, com aspecto de "lágrima", que surge na superfície de peças fundidas, como tarugos e lingotes. O processamento mecânico posterior por laminação, extrusão e outros alonga e achata essa protuberância, introduzindo uma interface entre ela e o restante do material;

c) **trincas**: são defeitos que favorecem a propagação de fraturas e que podem surgir por diferentes mecanismos, sendo classificadas, em geral, em trincas a frio, que surgem como consequência de fenômenos de fragilização que se manifestam em baixa temperatura ou à temperatura ambiente, como a que acontece devido à presença de hidrogênio nos aços; e trincas "a quente", que estão geralmente associadas às tensões térmicas de contração ou dilatação, ou à formação de fases de baixo ponto de fusão em contornos de grãos durante a solidificação, que ocorre com o resfriamento de um metal/uma liga que se encontra no estado líquido e em uma temperatura muito elevada;

d) **porosidade**: está geralmente associada a processos de fabricação que envolvem fusão e solidificação, como a fundição e a soldagem, mas também podem ser resultado de processos de fabricação no estado sólido ou com fusão apenas parcial, como é o caso dos processos utilizados em metalurgia do pó. Dependendo de alguns critérios/normas/especificações técnicas para produtos usados em certas aplicações, quando os níveis de porosidade são relativamente baixos e os poros não estão alinhados, estes podem ser tolerados, porém, são considerados defeitos que podem atuar como concentradores de tensões e favorecer a iniciação de trincas.

e) **inclusões não metálicas**: comportam-se de modo diferente da matriz metálica quando sob condições de carregamento mecânico, devido às suas diferentes características e propriedades. As interfaces entre as inclusões e a matriz podem ser consideradas como descontinuidades. Todos esses fatores podem contribuir significativamente para a ocorrência de fratura (2).

Entretanto, dependendo de alguns critérios/normas/especificações técnicas para produtos usados em certas aplicações, quando a presença de inclusões não metálicas é relativamente pouco significativa e as inclusões não estão alinhadas, podem ser toleradas, mas geralmente as inclusões são consideradas defeitos que reduzem a tenacidade e podem favorecer a iniciação e a propagação de trincas.

CAPÍTULO 2
HISTÓRICO DA FRACTOGRAFIA

2.1 BREVE HISTÓRIA DA FRACTOGRAFIA

O termo *fractografia* foi criado em 1944 por Carl Zapffe, que descobriu um meio de superar a dificuldade de aproximar uma lente de microscópio suficientemente da superfície irregular de uma fratura de material metálico, a fim de visualizar com detalhes a morfologia dessa fratura dentro de grãos individuais (2, 6). O objetivo da fractografia é analisar as características da fratura e tentar relacionar a topografia da superfície de fratura com os mecanismos básicos que levaram à sua ocorrência, podendo, assim, contribuir para identificar as suas possíveis causas (2, 6). Esse substantivo tem origem no latim, *fractus*, que significa "fratura"; e no grego, *grapho*, que significa "descrever". Termos alternativos foram propostos, como *fractologia*, que surgiu em 1951, mas o uso mais frequente consagrou *fractografia*, que possui derivados, como: *macrofractografia*, que é a análise visual com baixa ampliação (25 vezes ou menos); *microfractografia*, que utiliza o microscópio; *fractografia óptica*, que usa microscópio óptico; e *fractografia eletrônica*, que usa microscópio eletrônico.

Desde a Idade do Bronze, a humanidade tem percebido a importância de obter informações sobre a fratura de materiais metálicos e interpretá-las.

A primeira publicação que aborda a descrição de uma fratura de material metálico, tentando correlacioná-la à qualidade do processo metalúrgico que a produziu, remonta ao ano de 1540: é o livro *De la Pirotechnia*, escrito pelo italiano Vannoccio Biringuccio (2). Nessa obra, Biringuccio descreveu o uso da aparência da fratura metálica como meio de assegurar a qualidade de ligas ferrosas e não ferrosas, como ligas de estanho e bronzes de estanho. Ainda no mesmo século, o alemão Lazarus Ercker abordou ensaios de fratura em ligas de cobre, algumas contaminadas por chumbo, em uma publicação de 1574 (2).

Em 1627, Louis Savot descreveu em detalhes como ensaios de fratura foram usados para o controle de qualidade em sinos fundidos na liga cobre-estanho-bismuto (2). Savot registrou observações de tamanhos de grãos nas amostras de controle de fratura, como um guia para ajustes de composição dos sinos, a fim de estes resistirem à fratura por impacto nos sinos ensaiados. No mesmo ano, Mathurin Jousse descreveu um método para selecionar composições de aço e de ferro de alta qualidade, com base na aparência das amostras fraturadas (2).

Em 1722, Réamur publicou um livro com gravuras de superfícies de fratura, macrográficas e micrográficas de ferro e aço, pois, embora o microscópio óptico tivesse sido criado no século anterior, nessa época ainda não era possível registrar imagens, uma vez que a fotografia só seria descoberta no século seguinte. Nesse trabalho clássico, Réamur listou e ilustrou sete tipos de aparências de fraturas, de acordo com diferentes características visuais e morfológicas dessas superfícies (2).

Poucos anos depois, em uma publicação de 1725, Geoffroy estudou as características das fraturas de ligas de cobre-zinco, correlacionando o teor de zinco à aparência da superfície de fratura e ao tamanho de grão (2).

Em 1750, Gellert descreveu as características de fraturas de metais e de semimetais, mencionando o uso de um ensaio de fratura para distinguir entre aço, ferro trabalhado e ferro fundido. O ensaio também era usado para avaliar os efeitos da carburização e do tratamento térmico, então depois Gellert discutiu as causas da fragilização dos metais, recorrendo à inspeção de superfícies de fratura.

Na segunda metade do século XVIII, o físico e químico alemão Franz Karl Achard, ao estudar as propriedades de diferentes ligas, também percebeu a importância da aparência da fratura das ligas metálicas. Achard observou a aparência de superfícies fraturadas de cerca de 896 ligas que ensaiou. Essa quantidade representa aproximadamente todas as possíveis combinações/ligas de todos os metais conhecidos na época.

No século XIX, o desenvolvimento da metalografia como importante ferramenta para o estudo da metalurgia obscureceu um pouco o avanço de estudos da fratura dos metais. Nesse contexto, uma exceção, porém, foi Mallet, que publicou um artigo, em 1856, em que detalha aspectos das fraturas de canos de canhões, relacionadas com o modo de solidificação, principalmente planos com menor resistência, resultando na presença de ângulos agudos ("cantos vivos"). Provavelmente, esse texto foi pioneiro na análise de falhas, mencionando os efeitos nocivos dos concentradores de tensões. O estudo levou o exército dos Estados Unidos a estabelecer critérios mais racionais para avaliar fraturas em canos de canhões (2).

Em 1858, Tunner publicou uma lista na qual categorizou certas características de fratura de materiais metálicos, mencionando algumas condições, como fragilidade a quente, superaquecimento e vários tipos de "lágrimas" em peças fundidas (2). Em 1862, Kirkaldy correlacionou a mudança de aparência das fraturas, de fibrosa para cristalina, à configuração de amostra, tratamento térmico e taxa de deformação. Ele relatou que as fraturas cristalinas formavam um ângulo de 90° com o eixo de tração, enquanto as fraturas fibrosas eram irregulares e formavam ângulos diferentes de 90° (2).

A tese de doutorado de E.F. Dürre, de 1868, apresenta uma excelente descrição dos vários detalhes e texturas a serem observados na fratura de ferrosos fundidos, assim como um sumário da literatura da época sobre o tema. Dürre propôs o uso de microscópios ópticos com baixas ampliações para se observar a fratura de peças fundidas e considerava o microscópio óptico com maior ampliação impraticável para essa finalidade (2).

Na Rússia, D. K. Tschernoff contribuiu significativamente para os estudos de análise da superfície de fraturas em materiais metálicos – basicamente aços – com dois artigos. No primeiro, publicado em 1868, ele discutiu a ocorrência da fratura e os valores de tamanho de grão em função do tratamento térmico e do teor de carbono. No artigo posterior, Tschernoff descreveu a fratura de um aço com grãos grosseiros e, pela primeira vez na História, ilustrou precisamente a verdadeira forma dos grãos de materiais metálicos (2).

John Percy, um autor prolífico em temas metalúrgicos, descreveu, em 1875, seis tipos gerais de padrões de fraturas metálicas (2):

- cristalina: com facetas, como no caso do zinco, do antimônio, do bismuto e do *spiegeleisen* (liga ferro-manganês);
- granular: com facetas menores, como no ferro-gusa;
- fibrosa: um critério geral de qualidade;
- sedosa: uma variedade mais fina do tipo fibrosa, como no caso do cobre;
- colunar: típico aspecto de fratura em alta temperatura;
- vítrea: semelhante ao aspecto de fratura de vidros.

Adolf Martens, de cujo sobrenome originou-se o termo *martensita*, realizou estudos sobre a estrutura cristalina de materiais metálicos, examinando superfícies recém-fraturadas e seções polidas e atacadas, ambas por microscopia óptica. Martens publicou suas primeiras descobertas na Alemanha, em 1878 (2). Suas ilustrações eram gravuras desenhadas manualmente, que reproduziam, de forma meticulosa, desenhos a lápis em algumas figuras e fotomicrografias em outras, que mostram aspectos como marcas radiais de fratura, que Martens conhecia como “linhas de fratura”. A descrição de Martens antecipa dados relatados por investigadores posteriores, que são mais reconhecidos como precursores do estudo de superfícies de fratura de materiais metálicos.

No campo da macrofractografia, Martens observou superfícies de fratura decorrentes de ensaios de tração, torção, dobramento e fadiga. Ao descrever a topografia dessas superfícies, ele diferenciou elementos de cisalhamento radial grosseiros de marcas radiais finas. Martens reconheceu que marcas radiais mais agudas ocorreram em materiais com grãos mais finos, e que todas as marcas radiais divergem a partir de um determinado local onde a fratura se originou. Outras informações detalhadas sobre as contribuições de Martens ao estudo dos materiais metálicos estão disponíveis em literatura específica (2).

Outro importante artigo sobre a fratura de materiais metálicos foi escrito em 1885, por Johan August Brinell, o criador do ensaio de dureza Brinell (2). Ele abordou a influência do tratamento térmico e da consequente mudança nas características do carbono no aço sobre a aparência das superfícies de fratura do material. Henry Marion Howe analisou criticamente e, subsequentemente, elogiou os resultados encontrados por Brinell, afirmando que seu trabalho representou o mais importante estudo sobre fratura de materiais metálicos já realizado (2).

O tipo de fratura clássica "taça e cone" no ensaio de tração foi descrito por Kirsch antes de 1889 (2). Ele postulou o conceito de propagação de trinca em corpos de prova de ensaios de tração, que é aceito ainda atualmente. Kirsch propôs que a origem da trinca se localizava na região do "pescoço", no eixo de tração, e que essa trinca crescia concentricamente em uma direção transversal, produzindo o aspecto de "taça e cone", e que os lados do cone eram formados por uma tensão máxima de cisalhamento na separação final.

Apesar desses estudos, por causa de um interesse exagerado em metalografia, muitas autoridades mundiais em metalurgia da época, como o cientista e metalógrafo francês Floris Osmond, menosprezavam a fractografia, considerando-a como uma técnica que não conduzia a "algo correto ou útil". Assim, a microfractografia permaneceu esquecida até o século XX, sem que nenhuma das técnicas e descobertas anteriores fossem ensinadas ou reconhecidas nas universidades (2).

2.2 DESENVOLVIMENTO DA MICROFRACTOGRAFIA

No início do século XX, a maior parte dos estudos de microscopia óptica sobre materiais metálicos estava limitada a amostras polidas. Nos anos 1930, vários investigadores reconheceram o fato de que as propriedades dos aços podem ser correlacionadas a aspectos macrográficos mais grosseiros ou mais finos das superfícies de fratura. Assim, Arpi desenvolveu um conjunto de ensaios padronizados de fratura, os chamados *ensaios de fratura de Jernkontoret*, que, supostamente, abrangiam todo o intervalo de tamanhos de grãos conhecidos (2). De modo semelhante, Shepherd desenvolveu um conjunto de padrões para a avaliação de tamanhos de grão em aços endurecidos e aços-ferramenta para matrizes (2). Esse método permanece em uso limitado.

Somente com os trabalhos de Zapffe e seus colaboradores, nos anos 1940 e 1950, os estudos de aspectos microscópicos de superfícies de fratura de materiais metálicos passaram a chamar a atenção da comunidade científica. O trabalho de Zapffe sobre a aplicação da microscopia óptica à fractografia foi considerado por muitos como definitivo nesse sentido (2).

Embora prejudicado pela baixa profundidade de foco do microscópio óptico, Zapffe e seus colaboradores conseguiram orientar as facetas de fratura em relação ao eixo do microscópio, permitindo análises com ampliações relativamente altas, da ordem de 1.500 a 2.000 vezes. A maior parte do trabalho de Zapffe foi realizada com base em fraturas frágeis, em lingotes de ferro e de aço, principalmente chapas de navio soldadas, bismuto, zinco, antimônio, molibdênio e tungstênio, de cujas facetas de clivagem ele descreveu, com detalhamento significativo, a aparência e as características cristalográficas (2).

No tocante à clivagem, Zapffe elaborou um estudo detalhado da relação entre orientação cristalográfica, estrutura e características morfológicas da superfície de fratura, particularmente em ligas de ferro-silício e ferro-cromo (2). Zapffe e Clogg também descreveram modificações na aparência de uma superfície de fratura quando partículas de segunda fase estão presentes. No caso do tungstênio, Zapffe e Landgraf observaram que, dependendo da composição química, pode ocorrer fratura por clivagem pura ou por um modo misto, consistindo em clivagem e fratura intergranular simultaneamente. Eles conseguiram fotografar, com elevada ampliação, zonas intergranulares, cujas características foram análogas àquelas observadas posteriormente em fractografia eletrônica (2).

Subsequentemente, a fratura por clivagem foi objeto de muitos estudos de fractografia óptica. Dois artigos foram de particular importância: o primeiro, escrito por Tipper e Sullivan, sobre a relação entre clivagem e maclagem mecânica em ligas ferro-silício (2); e o segundo, escrito por Kies, que em 1951 utilizou a técnica de difração de raios X adicionalmente à microscopia óptica em seu trabalho sobre clivagem na ferrita. Em uma discussão escrita após o trabalho de Kies, Zapffe afirmou:

> As microfotografias do Dr. Kies são esplêndidas, tanto do ponto de vista fotográfico quanto do ponto de vista técnico. Adicionalmente, ele trouxe a importante ferramenta da difração de raios X para complementar e respaldar a análise do problema e também a microscopia eletrônica.

Henry e Plateau e seus colaboradores também estão entre os primeiros a observar estrias em superfícies de fratura por fadiga. Ao descrever estrias de fadiga observadas na superfície de fratura de uma liga de alumínio 75S-T6, atualmente equivalente à liga 7075-T6, Zapffe escreveu:

> Esta fina estrutura lamelar parece indicar claramente um fenômeno de fadiga, sugerindo uma etapa de rápido ordenamento estrutural que avançou além da estrutura mais grosseira e plana, aparentemente favorecida por um crescente número de tensões. As lamelas são aproximadamente paralelas às marcas planas e ambos os conjuntos de marcas ficam aproximadamente no plano de dobramento perpendicular ao movimento das tensões, como seria esperado para um rearranjamento estrutural devido a esse tipo de flexão (2).

Embora os estudos mencionados anteriormente, realizados com o uso de microscópios ópticos, fossem de grande valor, deve ser ressalvado o fato de que estavam limitados principalmente a casos em que as superfícies/fraturas consistiam essencialmente em facetas planas e largas, objetos de estudo ideais para a fractografia óptica. Desse modo, estudos detalhados sobre a morfologia de superfícies de fraturas dúcteis não eram possíveis até o advento da fractografia eletrônica.

2.3 FRACTOGRAFIA ELETRÔNICA

O desenvolvimento simultâneo da microscopia eletrônica de transmissão (MET) e da microscopia eletrônica de varredura (MEV) e a propagação do uso desses equipamentos no início dos anos 1960 proporcionaram a obtenção de vastas informações concernentes ao estudo dos micromecanismos dos processos de fratura e tornaram a fractografia uma importante ferramenta para a análise de falhas. Entre os avanços nos estudos de fratura de materiais metálicos com a aplicação da fractografia eletrônica, podem ser mencionados (2):

- o micromecanismo de fratura dúctil, isto é, a iniciação, o crescimento e o coalescimento de microcavidades, foi confirmado, tendo sido estabelecidas correlações entre o tamanho e a forma de microcavidade (*dimple*) e o estado de tensões e a limpeza (baixo nível de impurezas) do material;
- novos modelos para explicar os mecanismos de fratura por fadiga surgiram e estabeleceram correlações entre estrias de fadiga, número de ciclos de carregamento, espaçamento entre estrias e condições de carregamento. Evidências experimentais conclusivas com relação aos mecanismos de iniciação de fratura por fadiga também foram obtidas por estudos de fractografia eletrônica.

Quanto à fratura frágil, foram propostas explicações para os padrões de clivagem que ocorrem em superfícies de fratura, e a forma destes foi utilizada para determinar, de maneira bem-sucedida, a direção de propagação da fratura e suas regiões de iniciação.

Historicamente, como será descrito a seguir, os microscópios eletrônicos de transmissão e os de varredura foram objeto de demonstração experimental na Alemanha entre 1930 e 1940, porém, o microscópio eletrônico de transmissão foi desenvolvido prioritariamente. Como resultado, os primeiros estudos de fractografia eletrônica foram realizados com o uso do microscópio eletrônico de transmissão (2).

2.4 MICROSCOPIA ELETRÔNICA DE TRANSMISSÃO

Desenvolvimento histórico – as origens do microscópio eletrônico de transmissão (MET) remontam ao desenvolvimento da óptica eletrônica, nos anos 1920 e 1930 (2). Em 1926, após 15 anos de trabalho intermitente sobre a trajetória dos elétrons em campos magnéticos, Busch publicou um artigo no qual demonstrou que campos elétricos e magnéticos que possuíam simetria axial podiam atuar como lentes para elétrons e outras partículas carregadas (2).

Em 1932, Ruska desenvolveu as lentes magnéticas e publicou a primeira descrição sobre um microscópio eletrônico magnético (2). No mesmo ano, Brüche e Johansson produziram imagens a partir de um catodo (óxido) por aquecimento (emissão térmica), com um sistema de microscópio eletrônico (2). Em 1934, Ruska descreveu um equipamento aprimorado, construído especificamente para a obtenção de imagens com alta resolução (2). Existe uma certa polêmica sobre quem, de fato, desenvolveu o primeiro microscópio eletrônico com poder de resolução superior ao dos microscópios ópticos: Ruska; ou Driest e Müller, que, em 1934, adaptaram o microscópio de Ruska e foram os primeiros a obter poder de resolução superior ao obtido com os microscópios ópticos convencionais (2).

O primeiro equipamento de uso prático em laboratórios de pesquisa foi descrito por Von Borriese Ruska, em 1938 (2). Em suas primeiras versões, esse equipamento já era capaz de atingir uma resolução equivalente a 10 nm (2). Simultaneamente, Prebus e Hillier, trabalhando de forma independente em Toronto, no Canadá, desenvolveram um microscópio eletrônico magnético com capacidade idêntica (2). Dentro de apenas cinco anos, equipamentos de uso comercial já estavam sendo produzidos por vários fabricantes, e, em 1950, os MET com resolução entre 2 e 1 nm já estavam amplamente disponíveis.

Aplicação à fractografia – os MET foram utilizados pela primeira vez para o estudo da fratura de materiais metálicos, nos anos 1950, e esse método de análise de superfícies de fratura permaneceu como o mais frequentemente aplicado até o final dos anos 1960. Embora limitações do microscópio óptico, como profundidade de campo limitada e reduzida margem de ampliações, fossem superadas com o uso do MET, vários problemas surgiram, sendo os mais significativos deles a necessidade da preparação de réplicas, principalmente pelo tempo e pelo trabalho exaustivo necessários para se obterem boas réplicas; e a possibilidade de interpretação equivocada, devido ao aparecimento de artefatos de imagem resultantes de problemas no processo de obtenção da réplica (contaminações, por exemplo). Outro problema estava na dificuldade de interpretação, pois as imagens produzidas com réplicas eram muito diferentes visualmente das obtidas por microscopia óptica.

Com o desenvolvimento comercial e as melhorias subsequentes nos MEV, em meados dos anos 1960, a função da microscopia eletrônica de transmissão e das réplicas mudou bastante. Atualmente, a técnica de produção de réplicas para a análise fractográfica só é utilizada em casos muito específicos, como a análise de superfícies de componentes extensos ou que não podem ser cortados, ou a observação de estrias muito finas produzidas pela propagação de trincas de fadiga. Apesar disso, do ponto de vista histórico, os estudos de superfícies de fraturas baseados em réplicas, utilizando-se o microscópio eletrônico de transmissão, representam uma importante contribuição à fractografia moderna.

Deve ser observado que o MET permanece sendo uma ferramenta vital no campo da análise por microscopia eletrônica e possibilita a avaliação simultânea de características microestruturais com imagens de alta resolução e informações cristalográficas de microrregiões das amostras. Os princípios, instrumentação e aplicações da microscopia eletrônica de transmissão analítica são reportados na literatura (2).

Amostras para microscopia eletrônica de transmissão devem ser razoavelmente transparentes aos elétrons e apresentar variações suficientes de espessura, densidade ou ambas, a fim de possibilitar contraste adequado na imagem, e devem, também, ser pequenas o suficiente para se ajustarem adequadamente à câmera do porta-amostra. No caso de superfícies de fratura, a transparência aos elétrons é garantida por réplicas de carbono ou de algum outro polímero. As fraturas, geralmente, são rugosas demais para permitirem o polimento eletrolítico com jato de solução ácida perfurante.

O desenvolvimento da técnica de obtenção de réplicas de carbono abriu um caminho significativo para o avanço da microfractografia. Ainda em 1953, Robert e colaboradores propuseram a preparação de filmes finos de carbono por meio da evaporação de grafite sobre uma placa de vidro revestida por glicerina (2). Em 1954, Bradley preparou réplicas pela volatilização de carbono sob vácuo em réplicas poliméricas obtidas anteriormente (2). Pouco mais tarde, em 1956, foi desenvolvido por Smith e Nuttingo método de evaporação direta de carbono sobre as amostras, que, quando adaptado para a análise de fraturas, proporcionou os melhores resultados (2). A seguir, é apresentada uma pequena resenha de técnicas comuns para a obtenção de réplicas.

Réplicas obtidas em uma etapa são as mais confiáveis por serem mais precisas. O filme de carbono é evaporado diretamente sobre a superfície de fratura e liberado pela dissolução do metal base (substrato). O ângulo de sombreamento, que será abordado a seguir, geralmente não é crítico, devido à rugosidade da superfície. A continuidade do filme de carbono é garantida pela difusão superficial do carbono evaporado. Réplicas de carbono diretas podem ser extraídas eletroliticamente ou quimicamente.

No caso das réplicas obtidas em duas etapas, os detalhes da superfície de fratura são transferidos para um molde polimérico, que é dissolvido fácil e convenientemente para favorecer a liberação da réplica final de carbono. O molde polimérico pode ser obtido aplicando-se sucessivas camadas de verniz, ou simplesmente pressionando um pedaço amolecido de acetato de celulose sobre a superfície de fratura.

A preparação de réplicas obtidas em duas etapas inclui o sombreamento do metal para melhorar o contraste. O ângulo de sombreamento deve coincidir com a direção macroscópica de propagação da trinca para facilitar a orientação da réplica, quando esta é posicionada dentro do microscópio eletrônico. Entretanto, a relação entre o ângulo de sombreamento e a direção do filme de carbono não é crítica. Se possível, ou disponível, o sombreamento rotatório é recomendável. Réplicas obtidas em duas etapas são extraídas quimicamente com o uso normal de acetona.

Para aumentar o contraste e proporcionar à réplica um efeito tridimensional, é utilizado um processo denominado *sombreamento*, no qual um metal pesado é depositado obliquamente à superfície por evaporação, a partir de um filamento incandescente ou em uma câmara de vácuo. Os átomos do metal vaporizado migram em uma trajetória essencialmente reta, com linhas paralelas que atingem a superfície em um ângulo oblíquo. Ao entrar em contato com essa superfície mais fria, o metal se condensa no local, onde atinge a superfície e, em certas regiões, com orientação mais favorável, acaba por formar depósitos mais espessos do que em outras regiões com orientação menos favorável (2).

No método de carbono direto, a própria superfície de fratura é sombreada. No método da réplica em duas etapas, sendo plástico-carbono, a réplica plástica é geralmente sombreada antes da deposição por carbono. Qualquer que seja o método empregado, é recomendado que a réplica ou a superfície de fratura seja orientada, se possível de modo que a direção de sombreamento esteja relacionada com a direção de fratura macroscópica (2).

2.5 MICROSCOPIA ELETRÔNICA DE VARREDURA (MEV)

Desenvolvimento histórico – o desenvolvimento do microscópio eletrônico de varredura remonta aos trabalhos de Knoll, de 1935, durante seus estudos sobre a emissão de elétrons secundários a partir de superfícies (2). Em 1938, foi construído, por Von Ardenne, um microscópio eletrônico de varredura adequado para amostras transparentes de superfícies. Em 1942, Zworykin, Hillier e Snyder relataram a existência de um microscópio eletrônico de varredura mais próximo dos equipamentos usados atualmente (2). Contudo, pouco tempo depois, esse microscópio foi abandonado, devido à sua elevada razão entre sinal e ruído.

Durante os anos 1950, o trabalho de desenvolvimento do microscópio eletrônico progrediu rapidamente, ao mesmo tempo na França e na Inglaterra. Nessa mesma década, um microscópio eletrônico de varredura foi construído na França por Léauté e Brachet (2). A teoria do MEV foi proposta em 1946 por Brachet, o qual previu que uma resolução da ordem de 10 nm deveria ser atingida se um detector isento de ruídos pudesse ser utilizado. Posteriormente, colaboradores franceses, supervisionados por Bernard e Davoine, construíram equipamentos superiores e analisaram materiais metálicos encruados pelo método de elétrons secundários (2).

Em 1948, no Departamento de Engenharia da Universidade de Cambridge, na Inglaterra, C.W. Oatley se interessou pelo microscópio eletrônico de varredura, e uma série de projetos de doutorado foi iniciada, o que resultou nas contribuições mais significativas para o moderno microscópio eletrônico de varredura. Um excelente trabalho de revisão sobre as pesquisas conduzidas em Cambridge de 1948 a 1968 foi produzido por W.C. Nixon (2), que supervisionou o trabalho de pesquisa sobre o MEV, iniciado em 1959. Com o advento dos detectores melhorados, produzidos por Everhart e Thornley em 1960 (2) e os equipamentos melhorados produzidos por Crewe a partir de 1963, que passaram a utilizar canhões por emissão de campo (em inglês, *field emission gun* – FEG) (2), o MEV atingiu um estágio de desenvolvimento a partir do qual uma versão comercial pareceu tornar-se viável. O primeiro MEV comercial, denominado *Stereoscan*, foi apresentado por Stewarte Snelling, em 1965 (2).

Desde o desenvolvimento do *Stereoscan*, mudanças significativas aconteceram nesses equipamentos, incluindo melhorias de resolução, confiabilidade, facilidade de operação e diminuição de tamanho. Reduziu-se o custo de aquisição, de tal modo que, atualmente, é comum a presença de um MEV em laboratórios que realizam estudos de fratura de materiais e análises de falhas. O MEV moderno leva duas vantagens consideráveis em relação ao microscópio óptico: aumenta o limite de resolução, permitindo aumentar a faixa de ampliações de 100 a 2000 X (máxima para microscopia óptica) para 30.000 a 60.000 X e a profundidade de campo de 100 a 200 nm (microscopia óptica) para 4 a 5 nm (2).

Aplicação à fractografia – o primeiro artigo a abordar o uso do MEV para o estudo de superfícies de fratura foi publicado em 1959 por Tipper, Dagg e Wells (2), em que foram apresentadas fraturas por clivagem no ferro alfa (CCC). Dois anos mais tarde, Laird e Smith usaram o MEV para mostrar estrias de fadiga surgidas no início da fratura que ocorreu em uma falha por elevadas tensões, o que não era visível por fractografia óptica (2). Logo depois, McGrath e colaboradores utilizaram o MEV para analisar superfícies de fratura de cobre submetido a ensaios de fadiga e de liga de alumínio 2024 (Al-Cu-Mg, na época, conhecida como 24S-T) submetida a ensaios de fadiga e impacto (2). As fractografias desse relatório têm qualidade semelhante à das que são obtidas atualmente.

No entanto, devido ao lento desenvolvimento comercial do equipamento e à popularidade do MET e das técnicas de obtenção de réplicas associadas, o potencial do MEV para o estudo de fraturas de materiais metálicos não foi devidamente reconhecido até o início dos anos 1970 (2). Atualmente, a fractografia é um dos mais populares tipos de aplicação do MEV. A grande profundidade de foco, a possibilidade de obtenção de um vasto intervalo de ampliações, métodos não destrutivos de preparação de amostras, com inspeção direta, e o aspecto tridimensional das fractografias obtidas por MEV são fatores que transformaram esse equipamento em uma ferramenta essencial para a pesquisa envolvendo a análise de superfícies de fratura.

Fractografia quantitativa – a disponibilidade do MEV como equipamento bastante útil para esse tipo de análise abriu novas perspectivas para o estudo tridimensional da fratura e o subsequente interesse em fractografia quantitativa. O objetivo principal da fractografia é expressar as características mais marcantes da superfície de fratura em termos de área superficial verdadeira, comprimentos, tamanhos, números, formas, orientações, localizações, assim como a distribuição dessas características. Com uma capacidade melhorada para quantificar os vários aspectos de uma fratura, pode-se realizar análises de falhas mais adequadas, definir de maneira pertinente as relações entre modo de fratura e microestrutura, desenvolver novos materiais e avaliar a resposta destes a determinados ambientes químicos, térmicos e mecânicos (2).

CAPÍTULO 3
DEFINIÇÃO E TIPOS DE FRATURA

3.1 DEFINIÇÃO DE FRATURA

É a quebra das ligações interatômicas, isto é, a separação definitiva dos átomos, resultando na geração de uma nova superfície livre (superfície de fratura), que representa uma descontinuidade, ou seja, a partir de uma única peça metálica, passa a haver dois ou mais fragmentos.

A fratura pode ocorrer, basicamente, de dois modos distintos:

- sem deformação plástica significativa anterior à sua ocorrência, sendo então denominada "fratura frágil";
- com deformação plástica significativa antes de sua ocorrência, que é a chamada "fratura dúctil".

3.2 DEFINIÇÃO E TIPOS DE FRATURA

De um modo geral, podemos agrupar os diferentes tipos de fratura em:

a) **fratura dúctil:** tem aspecto fibroso ou rugoso, causado por deformação plástica, geralmente contendo microcavidades (*dimples*);

b) **fratura frágil por clivagem:** tem aspecto transgranular e facetado (separação de planos cristalinos);

c) **fratura frágil intergranular:** tem aspecto granular e é causada por agentes fragilizantes, como o hidrogênio, o gás sulfídrico (H_2S), o dióxido de carbono (CO_2) e cloretos;

d) **fratura por fadiga:** resulta do carregamento cíclico (ao contrário do carregamento monotônico observado nos tipos anteriores), ou seja, da variação das tensões atuantes. Geralmente, apresenta evidências do avanço progressivo da fratura, como "marcas de praia" no aspecto macroscópico e "estrias" no aspecto microscópico.

Além dessas, há também a fratura por fluência, que ocorre em altas temperaturas sob carga/tensão aplicada constante, como consequência de fenômenos difusivos ativados termicamente, como a deformação plástica por cisalhamento dentro de cada grão (intragranular) e a deformação plástica por cisalhamento relativo dos grãos (deformação intergranular por deslizamento dos contornos de grãos).

Para facilitar a compreensão acerca desse tema, os tipos de fraturas apresentados neste subitem são aprofundados nos capítulos 4, 5 e 6 deste livro.

CAPÍTULO 4
FRATURA DÚCTIL

4.1 DEFINIÇÃO DE FRATURA DÚCTIL

Esse tipo de fratura ocorre quando a seção resistente do material se reduz por deformação plástica, resultante de tensões aplicadas, até uma situação em que atinge dimensões mínimas e, assim, a ruptura final. Não se trata de uma fratura propriamente dita, mas, sim, da consequência de uma deformação plástica acentuada.

4.2 ASPECTOS MACROSCÓPICOS DA FRATURA DÚCTIL

4.2.1 FRATURA DE CORPO DE PROVA DE ENSAIO DE TRAÇÃO

Um corpo de prova de ensaio de tração, ou seja, carregamento de tensões uniaxiais (em uma única direção: comprimento do corpo de prova), caso não apresente nenhum tipo de fator fragilizante interno (microestrutura de martensita não revenida, presença de inclusões não metálicas etc.) ou externo (ambiente fragilizante: hidrogênio, gás sulfídrico (H_2S), cloretos etc.) deve apresentar fratura dúctil.

Esse tipo de fratura dúctil, em geral, apresenta três regiões distintas:

a) região fibrosa (inicial);
b) região facetada/radial; e
c) região de cisalhamento (*shear lips*).

Entretanto, há alguns fatores que podem alterar esse aspecto básico:

- a ductilidade do material que está sendo submetido ao ensaio;
- a temperatura na qual se realiza a deformação que ocorre no ensaio;
- a taxa de deformação, também conhecida por velocidade de deformação (deformação por segundo).

Assim, quanto mais dúctil o material, maior o predomínio da região fibrosa, seguida pela região de cisalhamento.

Quando a ductilidade é intermediária, aparecem as três regiões (fibrosa, facetada/radial e de cisalhamento); quando a ductilidade é menor, surgem apenas as regiões facetada/radial e de cisalhamento. Neste último caso, não havendo deformação plástica macroscópica significativa, a fratura não pode ser considerada dúctil.

No que diz respeito à fratura que ocorre no ensaio de tração de um corpo de prova cilíndrico, com carregamento uniaxial, se a ductilidade (deformação plástica) for muito significativa, o aspecto da superfície de fratura resultante, contendo apenas as regiões fibrosa e de cisalhamento, é denominada classicamente como "taça e cone", sendo que "taça" se aplica à zona fibrosa, e "cone", à zona de cisalhamento (Figuras 1 e 2).

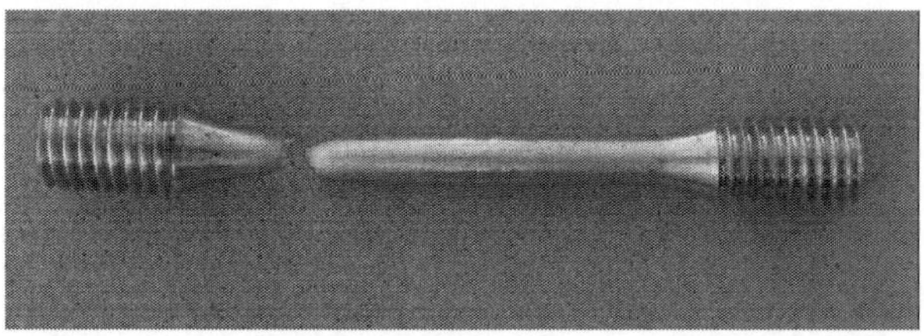

Figura 1 – aspecto macrográfico do corpo de prova de ensaio de tração com fratura dúctil ("taça e cone").

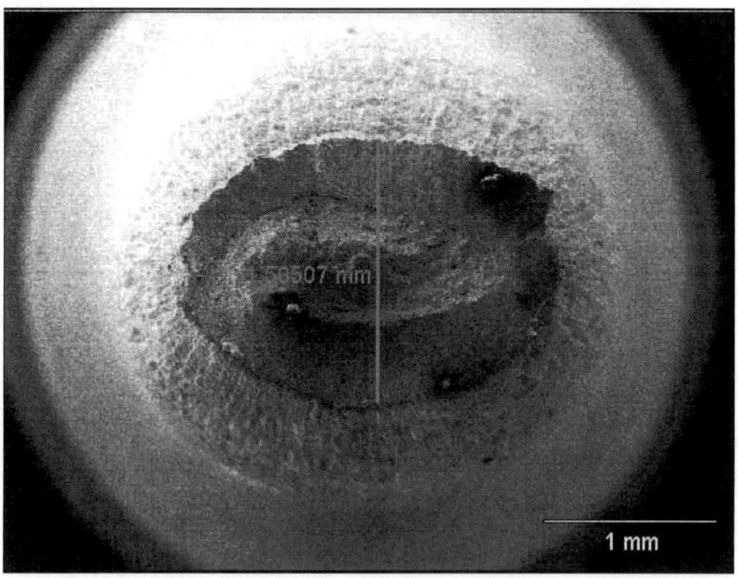

Figura 2 – aspecto da fratura dúctil em "taça e cone" do corpo de prova de ensaio de tração em microscópio eletrônico de varredura (MEV) com baixo aumento.

A Figura 3 apresenta um aspecto da fratura não dúctil (frágil) de um corpo de prova de ensaio de tração com predominância da região radial e de cisalhamento.

A Figura 4 mostra o aspecto macrográfico desse corpo de prova de ensaio de tração com fratura frágil, bem diferente do apresentado na Figura 1 (dúctil). Neste caso, é visualmente evidente que a deformação plástica, intensa no corpo de prova da Figura 1, praticamente não ocorre.

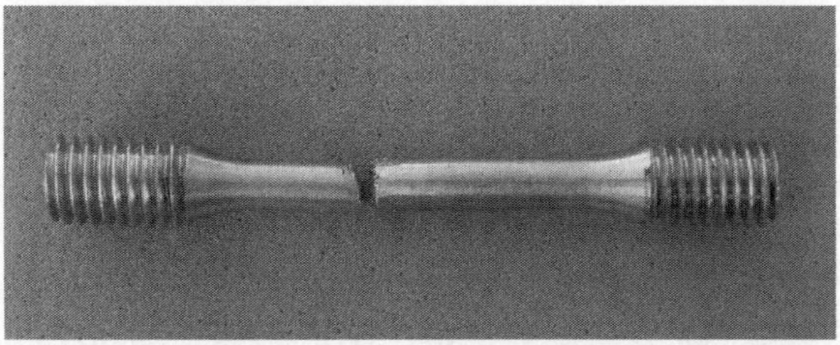

Figura 3 – aspecto macrográfico do corpo de prova de ensaio de tração com fratura frágil (plana).

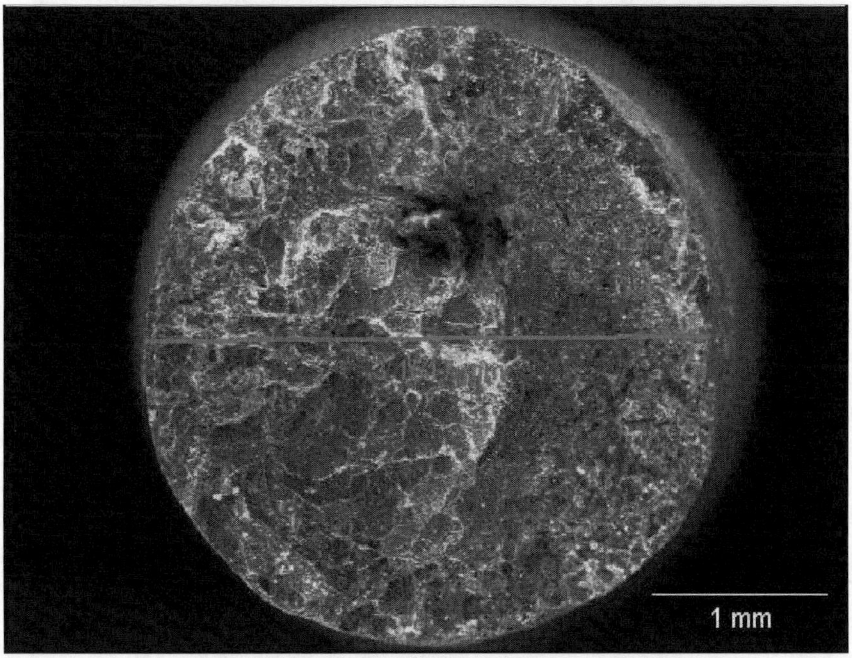

Figura 4 – aspecto da fratura frágil resultante do ensaio de tração em ambiente rico em H_2S (Figura 3: com predominância da região facetada) em microscópio eletrônico de varredura (MEV) com baixo aumento.

4.2.2 REGIÃO FIBROSA

É a região onde acontece o início da fratura dúctil e a propagação estável da trinca, ou seja, à medida que a seção reta diminui, consequentemente aumentam, no centro do corpo de prova, as tensões atuantes, que são acentuadamente mais triaxiais.

Em aços perlíticos, a região fibrosa não apresenta orientação preferencial, mas, em aços temperados e revenidos, pode revelar linhas circulares concêntricas.

4.2.3 REGIÃO FACETADA/RADIAL

Nessa região, ocorre a propagação instável da fratura. Quando surgem marcas radiais, estas podem se iniciar a partir da periferia da região fibrosa, se esta existir, ou a partir do ponto de nucleação da trinca, quando não existir.

As marcas radiais divergem a partir do local onde se inicia a fratura instável (frágil) e podem ser observadas mesmo com um microscópio estereoscópico (óptico), sendo mais grosseiras ou mais finas, a depender do material e das condições de ensaio. Quando o material apresenta maior tenacidade (é menos frágil), a temperatura dos ensaios é mais alta, ou a taxa de deformação é menor, essas marcas radiais são mais grosseiras.

As Figuras 5 e 6 mostram marcas radiais observadas em uma fratura frágil de um componente automotivo em serviço.

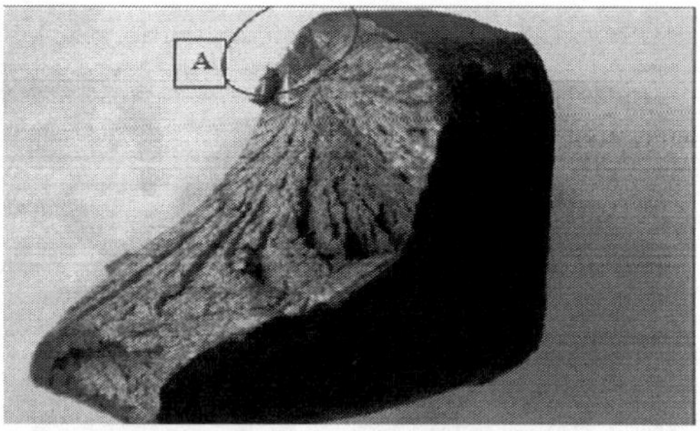

Figura 5 – aspecto macrográfico de fratura frágil com marcas radiais a partir do local de iniciação de fratura (A): vista em perspectiva.

Figura 6 – aspecto macrográfico de fratura frágil com marcas radiais a partir do local de iniciação de fratura (A): vista frontal.

4.2.4 REGIÃO DE CISALHAMENTO

Essa região normalmente apresenta uma inclinação de aproximadamente 45º com o eixo de tração, e sua origem está associada ao alívio da triaxialidade de tensões, que ocorre com a aproximação da superfície livre do corpo de prova.

Suas dimensões dependem basicamente das propriedades mecânicas do material e do estado de tensões atuantes.

Desse modo, considerando um mesmo material ensaiado a uma certa temperatura, com o avanço do ensaio, à medida que se reduz o tamanho (diâmetro) da seção resistente do corpo de prova, o tamanho da região de cisalhamento permanece constante. Assim, percentualmente, sua proporção aumenta, do mesmo modo que diminuem as proporções das regiões fibrosa e facetada/radial.

4.2.5 EFEITO DA GEOMETRIA DO CORPO DE PROVA E DO ENTALHE SUPERFICIAL

Quando a razão entre largura e espessura é excessiva, a região de cisalhamento passa a ocupar toda a espessura do corpo de prova. Nesse caso, a superfície de fratura forma um ângulo de aproximadamente 45° com o eixo longitudinal de tração.

A existência de um entalhe superficial, além de levar à concentração de tensões, faz com que o estado de tensões se torne triaxial.

4.2.6 OUTROS CARREGAMENTOS: OUTRAS MODIFICAÇÕES

Outras modificações podem advir da mudança do tipo de carregamento. Desse modo, quando há carregamento por torção, o plano de tensão de cisalhamento máximo é normal ao eixo de torção.

Assim, a fratura dúctil ocorrerá nesse plano, o qual, por não atuarem nele tensões normais, não apresentará as mesmas regiões observadas no ensaio de tração.

No caso de torção, a superfície de fratura apresenta um aspecto de excessiva deformação, com orientação circunferencial. Aparece também a região de arrancamento final, a qual se desloca para o centro se, ao mesmo tempo, ocorrer carregamento por flexão.

No caso de carregamento por flexão pura, a região fibrosa desloca-se para a superfície, na direção da região na qual as tensões atuantes são mais intensas, do mesmo modo como acontece em corpos de prova retangulares e entalhados quando submetidos ao carregamento por tração.

4.3 ASPECTOS MICROSCÓPICOS DA FRATURA DÚCTIL

Embora a observação a olho nu e em microscópio estereoscópico com baixo aumento já permita a identificação de algumas características básicas da fratura dos materiais metálicos, esse tipo de observação é bastante limitado devido à pequena profundidade de campo e à pequena distância de trabalho associada às lentes do microscópio óptico.

Dessa forma, algumas características do MEV o consolidam como o equipamento ideal para a observação dos aspectos microscópicos da fratura dos materiais metálicos, como:

1. sua elevada profundidade de campo, que pode ser obtida no microscópio eletrônico de varredura (MEV);
2. seu considerável poder de resolução;
3. as grandes ampliações que podem ser alcançados por meio dele.

A Figura 7 ilustra aspectos da superfície de fratura em função do tipo de carregamento.

(a)

(b)

(c)

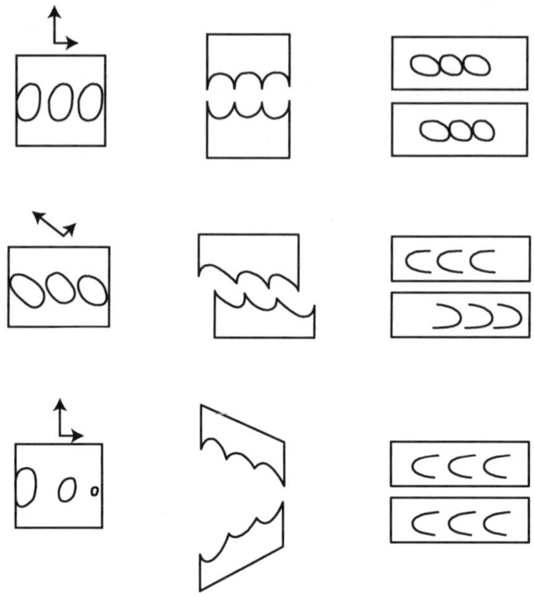

Figura 7 – mecanismos de coalescimento das microcavidades: (a) ruptura normal, (b) ruptura por cisalhamento e (c) ruptura por rasgamento (4).

O aspecto topográfico das superfícies de fratura resultantes da ruptura normal é caracterizado pela presença de microcavidades equiaxiais, que, do ponto de vista macroscópico, são normais à direção de tração principal.

É importante ressaltar que o processo de ruptura por cisalhamento não é de cisalhamento puro, o qual resultaria em uma superfície de fratura plana, praticamente sem relevo topográfico significativo.

As microcavidades formadas durante a ruptura por cisalhamento possuem um formato parabólico, indicando a direção de cisalhamento, em ambas as faces da fratura. Devido ao fato de que, em cada face, o sentido de escorregamento é oposto ao que ocorre na outra face, as microcavidades indicam sentidos opostos em cada face da fratura. A forma das microcavidades formadas depende principalmente da razão entre os valores de deformação específica no vértice da trinca e da deformação do material existente à frente da trinca: quanto maior essa razão, mais alongadas serão as microcavidades. Contudo, à medida que ocorre a propagação da trinca, o escorregamento do material próximo ao vértice desta torna-se cada vez mais difícil, e essa razão diminui. Como resultado, as microcavidades tornam-se cada vez mais arredondadas.

A Figura 8 mostra um aspecto de microcavidades observadas na ruptura normal, enquanto a Figura 9 apresenta o visual de microcavidades resultantes da ruptura por rasgamento (mais parecidas com as de cisalhamento).

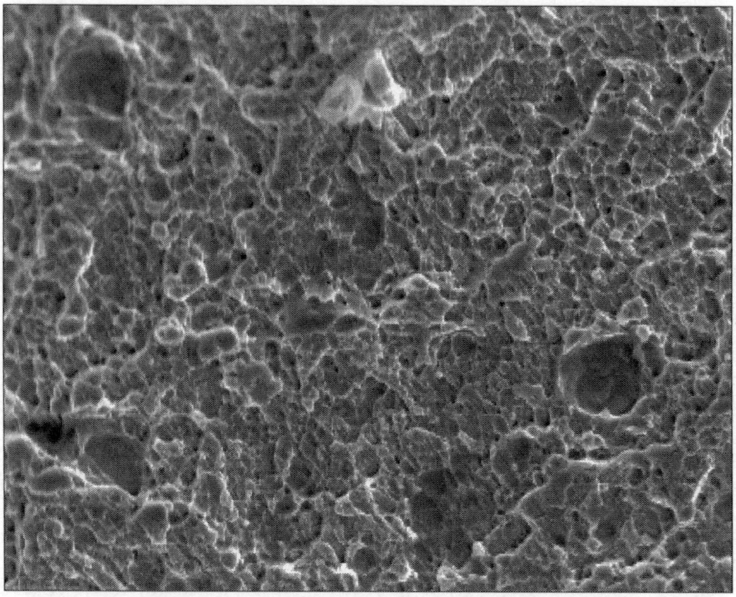

Figura 8 – microcavidades resultantes de ruptura normal.

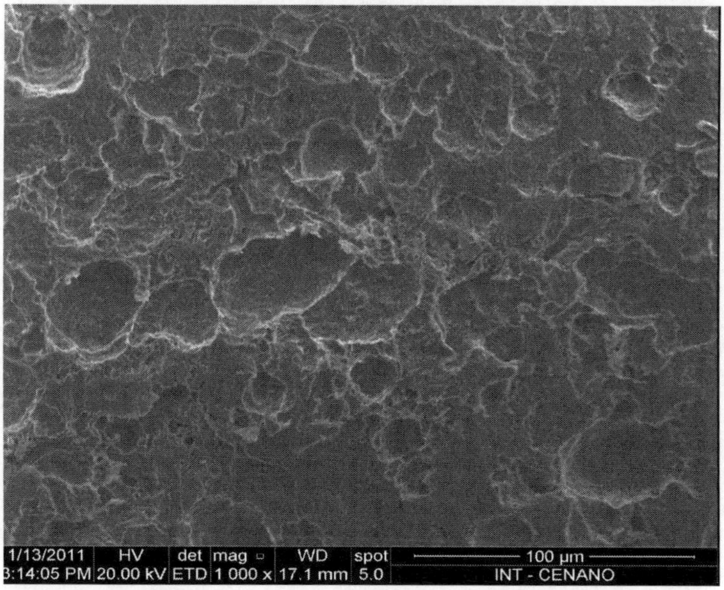

Figura 9 – microcavidades resultantes de ruptura por rasgamento.

4.4 MECANISMOS DE FRATURA DÚCTIL

A fratura dúctil caracteriza-se pela formação de microcavidades. Entretanto, somente a presença delas não assegura essa caracterização em todos os materiais. Os que apresentam estrutura cristalina cúbica de face centrada (CFC), como o alumínio, o cobre, o níquel e o aço inoxidável austenítico, não apresentam transição dúctil-frágil como os aços ferríticos com estrutura cristalina cúbica de corpo centrado (CCC). Dessa forma, os materiais CFC não sofrem a acentuada queda de tenacidade observada com a queda da temperatura, ou com o aumento da taxa de deformação, verificada nos materiais CCC. Assim, nos materiais CFC, é possível encontrar microcavidades associadas ao mecanismo de rasgamento mesmo em fraturas frágeis.

Outro mecanismo proposto para a fratura dúctil está associado à concentração da deformação em bandas de deslizamento, nas quais cavidades são nucleadas a partir de partículas muito pequenas. Essas bandas se formam a cerca de 45º com o eixo de tração, de modo que a superfície de fratura se desenvolva em um aspecto de zigue-zague em volta da seção de menor diâmetro na estricção. Esse fenômeno é conhecido, em inglês, como *serpentine glide* (deslizamento em serpentina). Os dois processos podem ocorrer simultaneamente, dependendo da natureza, do tamanho e da distribuição das partículas de segunda fase. Quando somente o primeiro processo acontece, o tamanho das microcavidades é razoavelmente uniforme; mas, quando os dois processos acontecem ao mesmo tempo, ocorre uma distribuição bimodal de tamanho de microcavidades: enquanto as maiores são nucleadas a partir das partículas mais grosseiras, as menores se formam nas bandas de deformação a partir das pequenas partículas.

4.5 INFLUÊNCIA DAS PRINCIPAIS VARIÁVEIS NA FRATURA DÚCTIL

Além da temperatura e da taxa de deformação, outros fatores influenciam as características de ductilidade da fratura de materiais metálicos. Esses fatores são descritos a seguir.

4.5.1 TENSÃO HIDROSTÁTICA

Quando uma componente hidrostática de tensão atua, alteram-se significativamente as características de ductilidade da fratura de metais e ligas. Basicamente, a aplicação de compressão hidrostática resulta no aumento considerável da tensão de fratura, simultaneamente ao aumento de ductilidade. Assim, o tipo de carregamento (ou seja, o tipo de tensões atuantes) exerce uma influência marcante na ductilidade dos materiais, de tal modo que, na trefilação, por exemplo, obtém-se redução de área muito superior à encontrada em um ensaio de tração.

4.5.2 DISTRIBUIÇÃO DAS PARTÍCULAS DE SEGUNDA FASE

No caso de aços que apresentam microestrutura composta por ferrita e carbetos coalescidos, a ductilidade é diferente para o mesmo percentual volumétrico de carbonetos, quando a microestrutura varia de ferrítico-perlítica para martensítica. Isso indica a influência da distribuição das partículas de segunda fase na fratura, pois na martensita revenida em alta temperatura a distribuição de carbetos é muito mais uniforme do que na microestrutura de carbetos coalescidos do aço normalizado (ferrítico-perlítico).

4.5.3 CARACTERÍSTICAS DAS PARTÍCULAS DE SEGUNDA FASE

Quando as partículas de segunda fase apresentam ductilidade/tenacidade mais próxima à da matriz, a tendência predominante é a formação de cavidades junto a elas, normalmente pela separação entre partícula e matriz na interface entre elas. Por outro lado, quando as partículas de segunda fase são muito duras e frágeis, a tendência é sua fratura antes mesmo da conclusão da fratura na matriz, e, consequentemente, a ductilidade do material como um todo é menor.

Já existe informação na literatura reportando considerável discrepância de efeito de diferentes tipos de partículas de segunda fase, como sulfetos, óxidos e carbetos em aços. Quando a deformação plástica é ainda pequena, já se formam cavidades junto a sulfetos e óxidos. No caso dos sulfetos, que não são muito frágeis intrinsecamente, a formação de cavidades ocorre pela separação na interface, enquanto no caso de óxidos, mais duros e mais frágeis, ocorre o trincamento destas partículas. De qualquer modo, imagina-se que a nucleação das cavidades contribui muito para reduzir a deformação adicional necessária para levar à fratura do material após a formação dessas cavidades, reduzindo assim o nível de tensões que devem ser aplicadas, garantindo maior ductilidade ao material que está sendo deformado até a fratura.

4.5.4 TAMANHO DAS PARTÍCULAS DE SEGUNDA FASE

Algumas fontes da literatura afirmam que a ductilidade aumenta consideravelmente com a diminuição do tamanho das partículas.

4.5.5 FORMA DAS PARTÍCULAS DE SEGUNDA FASE

De um modo geral, materiais laminados apresentam anisotropia de propriedades mecânicas, que se caracterizam por revelarem maiores valores de ductilidade no instante em que o ensaio de tração é realizado na mesma direção do trabalho mecânico, pois, quando, ao contrário, as partículas possuem eixo maior perpendicular ao eixo de tração, ocorre nucleação de cavidades capazes de causar maior concentração de tensões.

Formatos alongados de inclusões, particularmente quando o carregamento se dá no eixo perpendicular à maior dimensão das partículas, são bastante nocivos, favorecendo a ocorrência da fratura. Terras raras, como o zircônio e o cério, e também o cobre, podem ser adicionadas até certo ponto, para tornar inclusões de manganês, normalmente muito alongadas em chapas laminadas, em partículas com formato mais esférico ou equiaxial, além de formar sulfetos com maior ponto de fusão, aumentando a ductilidade no processamento a quente.

CAPÍTULO 5
FRATURA FRÁGIL

5.1 DEFINIÇÃO DE FRATURA FRÁGIL

A fratura frágil ocorre sem deformação plástica significativa, do ponto de vista macroscópico. Entretanto, é muito importante considerar que a ausência de deformação plástica é macroscópica, pois, nos metais e suas ligas, a fratura sempre se inicia a partir de uma deformação plástica muito localizada. Esse conceito é importante quando se considera que nem toda fratura frágil ocorre por clivagem.

Clivagem é o mecanismo de fratura frágil em que ocorre separação dos planos cristalinos do material, ou seja, dentro de um mesmo cristal (grão). Assim, a superfície de fratura, com aspecto facetado, corresponde à formação de interfaces físicas (superfícies livres) separando planos cristalinos paralelos.

Existem outros mecanismos diferentes de fratura frágil, como a fratura frágil intergranular, normalmente associada à fragilização causada por agentes externos (hidrogênio e outros relacionados à corrosão sob tensão). Nesse caso, a trinca aberta pelo agente fragilizante se propaga entre os grãos, separando-os, de tal modo que a superfície de fratura frágil intergranular revela um aspecto "granulado", bem diferente da fratura frágil por clivagem.

A Figura 10 apresenta um aspecto da fratura frágil por clivagem, enquanto a Figura 11 mostra visualmente uma fratura frágil intergranular.

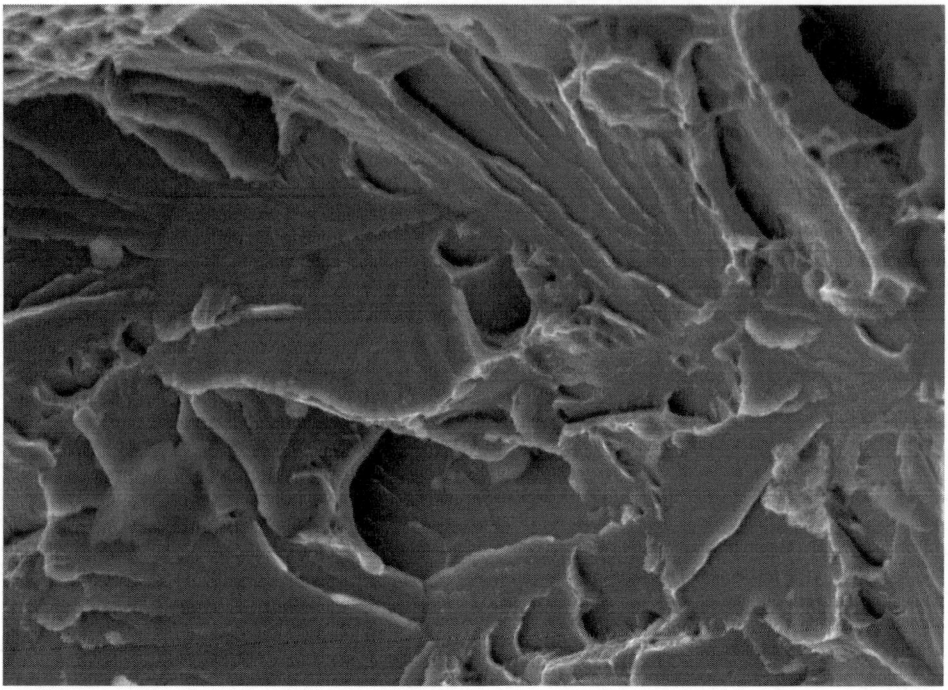

Figura 10 – fratura frágil ("facetada") por clivagem.

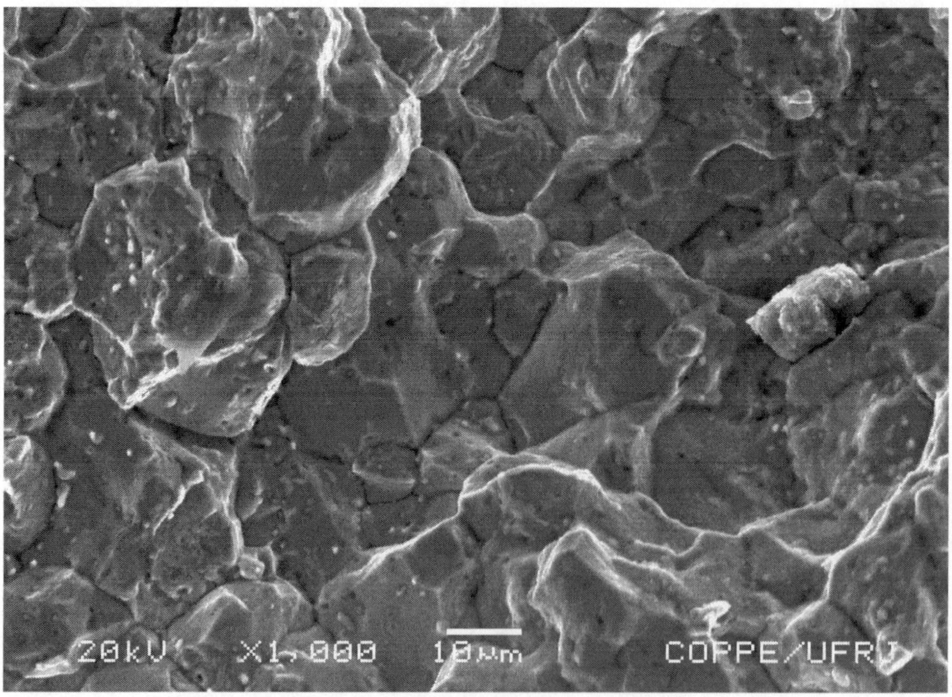

Figura 11 – fratura frágil intergranular (granulada) por fragilização por hidrogênio.

Entre os diferentes tipos de fratura, a mais preocupante é a fratura frágil, pois ocorre de maneira catastrófica, repentina e sob um carregamento com tensões inferiores às necessárias para a deformação plástica (escoamento). Assim, critérios de planejamento e projeto, que normalmente consideram as propriedades mecânicas já conhecidas dos materiais metálicos, não são suficientes para prever uma fratura que acontece de modo repentino sob tensões relativamente baixas. Além disso, outro aspecto a ser considerado é a instabilidade da trinca, que se propaga sem necessidade de aumento de tensões a uma velocidade muito alta (cerca de 2000 m/s em alguns aços), quando a trinca se propaga sem obstáculos, o que frequentemente acontece em estruturas soldadas.

Casos típicos do passado foram os naufrágios do navio *Titanic*, em 1912, e do navio *Liberty*, em 1943, durante a Segunda Guerra Mundial, ambos os acidentes relacionados à transição dúctil-frágil que se manifestou nas águas geladas do Atlântico Norte.

No caso do *Titanic*, há evidências de que altos teores de enxofre e fósforo no aço do casco do navio contribuíram decisivamente para a fratura frágil.

Liberty: Soldagem inadequada: concentradores de tensões.

Figura 12 – navio *Titanic*, em 14/04/1912.

Figura 13 – navio *Liberty*, em 24/11/1943.

5.2 FRATURA FRÁGIL POR CLIVAGEM – TRANSGRANULAR

5.2.1 ASPECTOS MORFOLÓGICOS: CARACTERÍSTICAS MACROSCÓPICAS DA FRATURA FRÁGIL

Uma das características mais marcantes da fratura frágil por clivagem é a presença de marcas radiais (Figuras 5 e 6, anteriores).

Do mesmo modo como ocorre nos corpos de prova de ensaio de tração, abordados anteriormente, essas marcas se estendem desde a superfície de fratura até próximo das superfícies livres, nas quais se formam as regiões de cisalhamento (conhecidas como *shear lips*), originadas pelo alívio de tensões, associado ao estado triaxial de tensões. Entretanto, quando o componente metálico apresenta uma das dimensões bem menor do que as demais, como no caso de chapas, as marcas radiais mostram um aspecto característico, conhecido na literatura específica como "marcas de sargento" (*chevron marks*, em inglês: Figura 14), as quais apontam a direção de origem da fratura. Esta pode apresentar marcas radiais desde a origem, quando é nucleada a partir de um defeito preexistente, ou de qualquer outro tipo de concentrador de tensões que, geralmente, surgem durante o processo de fabricação do material, como na soldagem, na fundição, no tratamento térmico e outros.

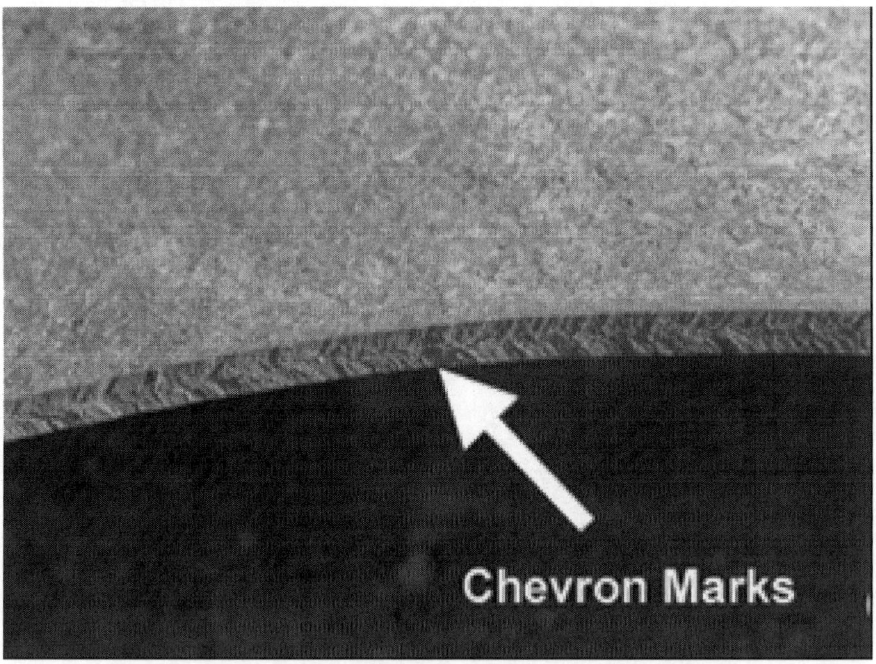

Figura 14 – "marcas de sargento" (*chevron marks*) na fratura de uma chapa.

5.2.2 DETERMINAÇÃO DO LOCAL DE ORIGEM DA FRATURA

Na observação das superfícies de fratura, um dos aspectos mais importantes é a determinação do local de origem da fratura, pois, examinando-se esse local, é possível descobrir a causa da fratura. Com esse propósito, devem ser observados os seguintes aspectos:

a) as marcas radiais irradiam do ponto de início de fratura, divergindo a partir desse local, e, quando assumem o aspecto de marcas de sargento, indicam a região de iniciação;
b) quando a fratura se nucleia na superfície do componente, ou muito próxima a essa superfície, a região de iniciação da fratura não apresenta a região de cisalhamento (*shear lips*);
c) um componente metálico fraturado por impacto (altas velocidades de carregamento), principalmente no caso dos chamados aços de alta liga temperados e revenidos, pode apresentar vários "degraus", que, geralmente, surgem quando o carregamento por impacto não é suficiente para completar a fratura, de tal modo que esta, depois, reinicia-se; é nessa região de reinício que aparecem os degraus, os quais convergem no mesmo sentido da propagação da fratura;
d) no caso de estruturas resultantes da soldagem de chapas, pode ocorrer bifurcação das trincas, mas, como isso acontece no sentido da propagação, elas indicam a origem da fratura. O mesmo acontece com trincas que se encontram e, assim, se juntam.

5.2.3 ASPECTOS MICROSCÓPICOS DA FRATURA

O aspecto mais característico de uma fratura frágil por clivagem é a formação de facetas de clivagem (Figura 10, mostrada anteriormente). Nesse caso, a fratura se propaga continuamente ao longo de planos cristalinos paralelos, os quais se unem e formam degraus, que apresentam a tendência de convergir no sentido da propagação local da trinca, resultando em um aspecto típico denominado como "marcas de rios" (*river patterns*, em inglês).

Se os cristais fossem perfeitos, a clivagem deveria resultar em uma superfície plana, sem variações topográficas, coincidente com um determinado plano cristalográfico. Todavia, como os cristais não são perfeitos – pelo contrário –, apresentam vários tipos de defeitos. Uma trinca de clivagem não se propaga somente por um único plano cristalográfico, e sim pelo avanço simultâneo de várias trincas em planos cristalográficos paralelos. Essas trincas se unem com a formação dos degraus de clivagem resultantes desta ao longo de um conjunto de planos de clivagem secundários, ou pela separação ao longo da interface que existe entre a matriz e uma região maclada do cristal.

Outro mecanismo envolve o cisalhamento do material entre as trincas. Contornos de grãos (de alto ângulo) ou de subgrãos (de baixo ângulo) são obstáculos à propagação das trincas de clivagem, e, por esse motivo, os materiais com grãos mais finos apresentam maior tenacidade. Ao encontrarem esses contornos, os planos de clivagem forçosamente mudam de orientação, e, se isso ocorre frequentemente, a propagação da trinca de clivagem pode ser inviabilizada e, assim, eliminar o caráter frágil da fratura. Quando isso ocorre com menor frequência, porém ainda significativa, ocorre apenas um aumento no número de degraus de clivagem.

Tão logo é realizada a observação em MEV com baixo aumento (cerca de 200 ou 400 X), o exame da superfície de fratura por clivagem pode dar a falsa impressão de fratura intergranular. Um fato interessante é que, muitas vezes, ambos os mecanismos podem estar associados em um mesmo componente fraturado. Um aspecto topográfico característico das superfícies de fratura por clivagem são as chamadas línguas (*tongues*, em inglês). Essas línguas se formam no instante em que a trinca se propaga por uma distância relativamente curta ao longo de um plano diferente do plano principal de clivagem. Dentro de um grão, as linhas de interseção dos planos delas com o plano principal de clivagem são paralelas ou pertencem a um grupo de duas direções que são perpendiculares entre si. Assim, os planos das línguas são paralelos em um determinado grão, e por isso se constituem num plano cristalográfico definido.

5.2.4 ASPECTOS MORFOLÓGICOS

Outro tipo de fratura frágil observada em materiais metálicos é a fratura frágil intergranular (Figura 11, também mostrada anteriormente). Esse mecanismo de fratura normalmente está associado a fatores externos, como a presença de agentes fragilizantes (hidrogênio, corrosão sob tensão e outros) ou internos (trincas de têmpera em aços e fraturas associadas à presença de fases frágeis localizadas nos contornos de grãos, como a "fragilidade de revenido").

5.3 FRATURA FRÁGIL INTERGRANULAR

Dois aspectos que dificultam a interpretação da fratura frágil intergranular são, eventualmente, a presença de microcavidades e a chamada "quase clivagem" (Figura 15), que ocorre com certa frequência em aços temperados e revenidos. Esse mecanismo de fratura frágil geralmente está associado à presença de microcavidades e distingue-se da clivagem propriamente dita pelas marcas de rio distorcidas, pela ocorrência de gumes de arrancamento e pela inexistência de relação cristalográfica definida entre as facetas e a estrutura cristalina do metal. Tal mecanismo consiste na propagação descontínua da trinca, com facetas sendo geradas à frente da ponta da trinca e unindo-se com esta pela formação e pelo coalescimento das microcavidades.

A imagem em MEV, mesmo com baixo aumento, revela prontamente o aspecto típico da quase clivagem, embora, muitas vezes, não permita diferenciar facilmente as facetas individuais.

Figura 15 – fratura intergranular frágil do tipo "quase clivagem".

5.4 AGENTES FRAGILIZANTES INTERNOS E EXTERNOS

5.4.1 AGENTES FRAGILIZANTES INTERNOS

A fratura frágil ocorre por meio da ruptura da ligação entre átomos, separando planos cristalográficos definidos. A presença de defeitos (trincas, porosidade alinhada, inclusões não metálicas etc.) reduz muito a tensão necessária para fraturar o material em relação à tensão teórica determinada pela mecânica da fratura para um componente metálico hipoteticamente sem defeitos de qualquer tipo. Esses defeitos atuam como concentradores de tensões. Assim, o efeito do carregamento na resistência à fratura do material não depende apenas da tensão aplicada, mas, também, do tamanho do defeito já existente, definindo-se, assim, o conceito de fator de intensidade de tensões (K), que é dado pela equação:

$K = \sigma\sqrt{\pi a}$, em que σ é a tensão atuante e $\pi = 3{,}1415...$ (constante matemática), e a é o tamanho da trinca/descontinuidade já existente.

A presença de átomos de soluto e precipitados, o encruamento sem recozimento posterior e a formação de fases mais duras, como a martensita, tendem a favorecer a fragilização do material e a aumentar o limite de resistência ao escoamento deste.

Esses fatores definem a tenacidade à fratura do material, denominada K_{IC}. Quando $K \geq K_{IC}$, ocorrem a propagação da trinca e a fratura do material.

5.4.2 AGENTES FRAGILANTES EXTERNOS: MEIO CORROSIVO E MEIO FRAGILIZANTE

Além dos fatores internos, intrínsecos às características do material e seu processamento, existem também fatores externos que fragilizam o material metálico e provocam, assim, fratura frágil intergranular. São fenômenos como a corrosão sob tensão, a fragilização por hidrogênio, sulfetos e cloretos, e a fragilização por metal líquido. De um modo geral, esses mecanismos, embora diferentes entre si, podem ser agrupados como fratura frágil intergranular sob influência do meio.

Esses fenômenos apresentam características comuns, listadas a seguir:

a) todos esses processos podem resultar em fraturas macroscopicamente frágeis, mesmo quando acontecem em materiais metálicos dúcteis em ensaio de tração;
b) todas essas transformações envolvem deformação plástica, porém, muito limitada (localizada);
c) em todos esses casos, a fratura pode se dar sob tensões muito inferiores às necessárias para a ocorrência de escoamento generalizado;
d) apenas tensões trativas provocam o evento de fraturas associadas a esses fenômenos;
e) a fratura acontece em um plano perpendicular à tensão principal de tração; as regiões de cisalhamento, ou *shear lips*, não resultam desses fenômenos, mas podem ser observadas na região de fratura final quando a trinca atinge condições de instabilidade;
f) a suscetibilidade a esses fenômenos varia bastante em uma mesma família de ligas e no mesmo meio ambiente.

Entretanto, de um modo geral, é possível dizer que:

g) os meios ambientes que causam os piores problemas de trincamento são específicos para cada tipo de liga, ou seja, variam de acordo com o material que está sendo analisado, pois determinados agentes químicos causam trincamento mais acentuado em uma determinada liga do que em outra;
h) o agente químico que provoca o trincamento não necessariamente precisa estar presente em elevadas concentrações;
i) geralmente, a combinação meio-material, que provoca trincamento mais acentuado, advém de materiais que são quase – mas não totalmente – inertes;
j) em todos esses casos, as trincas podem ser simples ou ramificadas;
k) as trincas podem ser intergranulares e, também, transgranulares, em função de alterações na composição química da liga e do meio ambiente;
l) o fenômeno de corrosão sob tensão só acontece quando existem as condições eletroquímicas propícias à sua ocorrência. Praticamente só se realiza em ligas, sendo raros os casos em metais comercialmente puros. Com frequência acontece associada à fragilização por hidrogênio.

CAPÍTULO 6
FRATURA POR FADIGA

6.1 DEFINIÇÃO DE FRATURA POR FADIGA

Ao contrário dos tipos de fratura mencionados anteriormente, que surgem durante carregamento estático, também conhecido como monotônico, isto é, sem variação dos tipos e níveis de tensões atuantes ao longo do tempo, a fratura por fadiga se dá somente quando o carregamento é cíclico, ou seja, quando ocorrem variações significativas dos tipos e níveis de tensões atuantes ao longo do tempo.

A observação da superfície de fratura por fadiga de componentes metálicos revela alguns aspectos macroscópicos e microscópicos muito específicos que permitem identificar e classificar a fratura como decorrente de um processo de fadiga.

6.2 ASPECTOS MACROSCÓPICOS E MICROSCÓPICOS

6.2.1 MARCAS DE PRAIA

Mesmo a olho nu, ou observando uma peça fraturada em baixo aumento no microscópio estereoscópico, ou até mesmo em uma lupa, já é possível identificar alguns indícios de fratura por fadiga, como as chamadas “marcas de praia”, que resultam de alterações no ciclo de tensões atuantes, seja no valor ou na frequência de aplicações das tensões. Assim, essas marcas, que se assemelham às deixadas pelas ondas do mar nas praias, de um modo geral indicam o avanço da fratura por fadiga.

As marcas de praia não correspondem exatamente à posição de frente de propagação da trinca de fadiga, que é mais bem descrita pelas chamadas “estrias” de fadiga, que só podem ser observadas no microscópio eletrônico de varredura, com ampliações consideráveis, geralmente bem acima de 1.000 X, e que indicam com precisão o avanço da trinca de fadiga. As marcas de praia podem surgir muito nitidamente e abranger uma área considerável da superfície de fratura, como também podem ser visualizadas com maior dificuldade, devido ao deslizamento entre as superfícies de fratura, às características do material fraturado ou ao tipo de carregamento ao qual o material estava submetido.

Em ligas de alumínio de alta resistência mecânica, a superfície de fratura por fadiga pode ser facilmente confundida com fratura frágil. A fratura por fadiga do titânio e de suas ligas pode ser confundida com outros tipos, e isso também pode ocorrer no caso de alguns aços inoxidáveis austeníticos.

As marcas de praia não se formam quando não acontecem alterações no ciclo de tensões; quando surgem, são, portanto, um claro indício de fratura por fadiga.

A Figura 16 mostra marcas de praia em imagem de baixo aumento no MEV, enquanto a Figura 17 mostra estrias de fadiga.

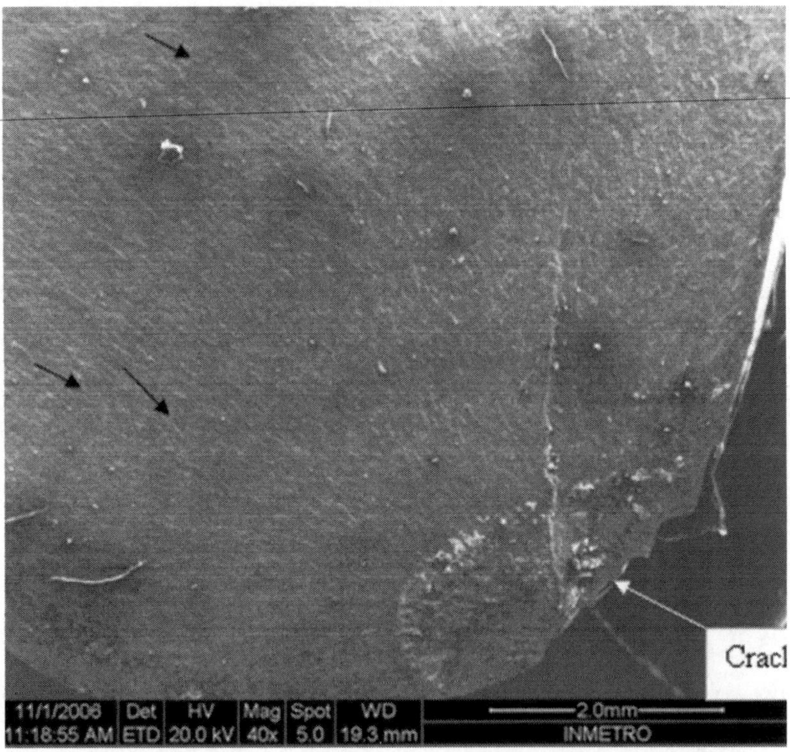

Figura 16 – marcas de praia de fratura por fadiga (assinaladas por setas): imagem de MEV em baixo aumento.

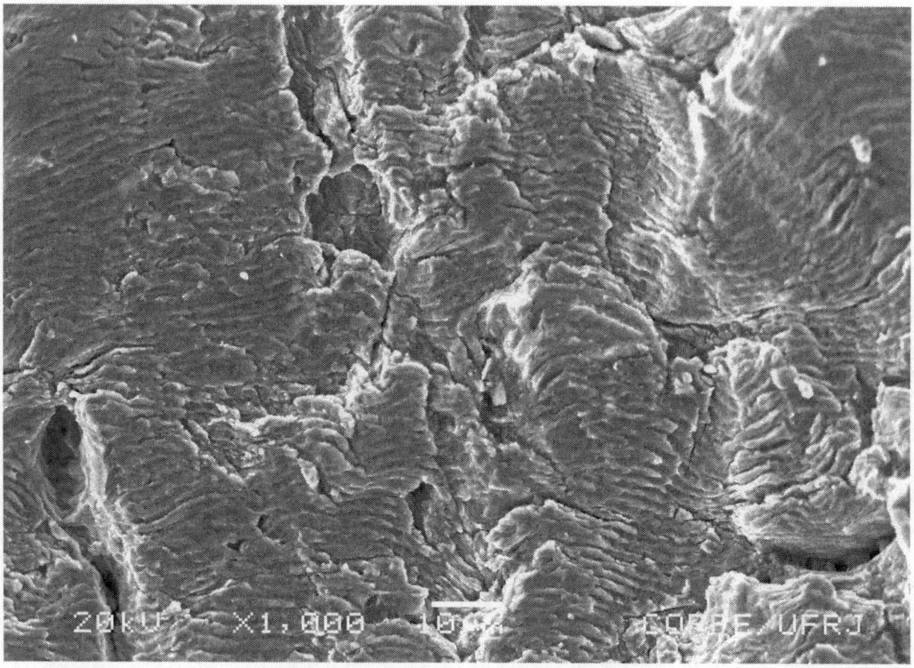

Figura 17 – estrias de fadiga: imagem de MEV.

6.2.2 EFEITO DO TIPO DE CARREGAMENTO NO ASPECTO DA SUPERFÍCIE DE FRATURA

Os tipos de carregamento por fadiga analisados são:

Altas e baixas tensões nominais, concentradas ou não, em: tração-tração, tração compressão, flexão unidirecional ou bidirecional, flexão-rotação e torção.

Nesse contexto, os seguintes aspectos são importantes:

a) a área ocupada pela região de fratura brusca final diminui com o aumento da tensão para o mesmo material;
b) quando a nucleação da fratura ocorre em múltiplos pontos, isso indica severa concentração de tensões. Esse fenômeno acontece principalmente quando as tensões atuantes são mais elevadas. À medida que as trincas se propagam, eventualmente essas múltiplas frentes se unem. Contudo, antes de formarem uma única frente, as trincas são separadas por degraus, formando um aspecto típico conhecido como marcas de catraca (*ratchet marks*, em inglês: Figura 18);
c) no caso de flexão unidirecional de eixos engastados, a fratura tende a se propagar para dentro do engaste;

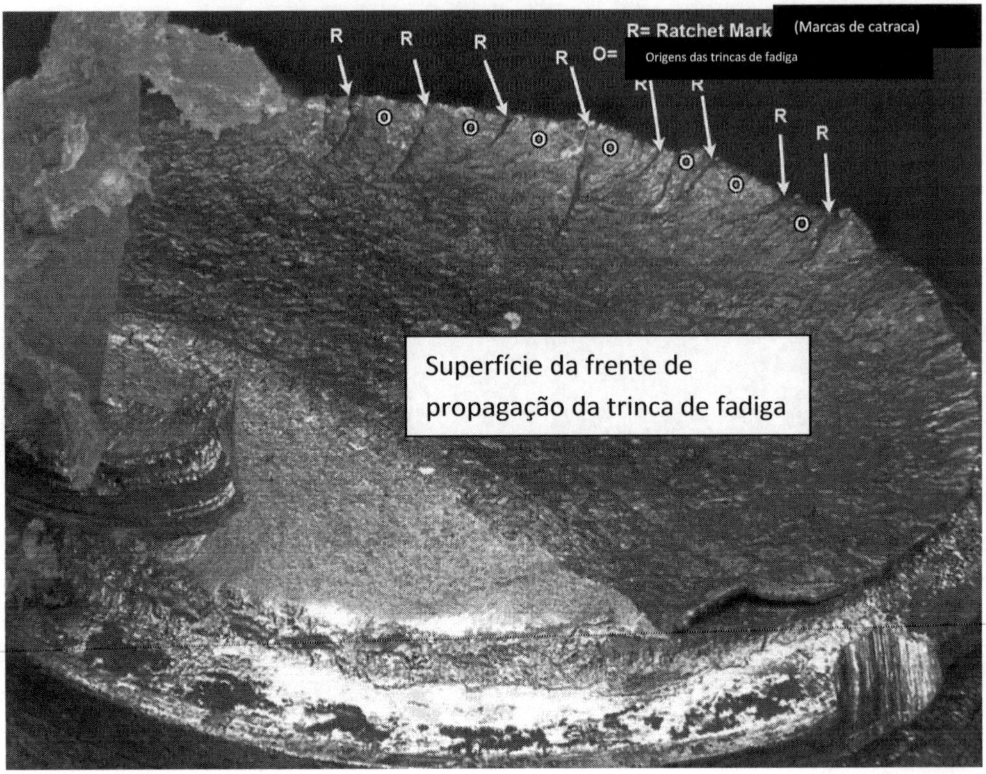

Figura 18 – marcas de catraca (*ratchet marks*: R).

d) o avanço da trinca é mais acentuado nas regiões de triaxialidade de tensões, assumindo, assim, um formato mais convexo; mas, quando a região de maior triaxialidade é deslocada para a periferia devido à presença de algum entalhe, a frente da trinca pode adquirir a forma de M ou inverter completamente a curvatura, passando a ser côncava;

e) a principal diferença entre o aspecto da fratura produzida por flexão unidirecional e o que resulta de tração é a localização do início da trinca, que, no caso da flexão, corresponde à fibra externa mais solicitada em tração. No caso de corpos de prova retangulares, isso é mais evidente;

f) no caso de flexão bidirecional, a região de fratura brusca final é central quando a solicitação é máxima em ambos os sentidos;

g) no caso de flexão-rotação, o centro de curvatura da frente de propagação se desloca em sentido contrário ao da rotação do eixo, e, com o aumento da tensão, a região de fratura final tende a se deslocar para o centro;

h) em torção unidirecional, a fratura apresenta a tendência de se propagar a 45º com o eixo de torção, formando superfícies helicoidais; mas, quando a torção é bidirecional, a fratura se mantém no plano perpendicular ao eixo, com degraus com aspecto de dentes de serra.

6.3 TIPOS ESPECÍFICOS DE FADIGA

6.3.1 FADIGA DE CONTATO

Componentes submetidos a esforços de contato em rolamento, com ou sem escorregamento, podem apresentar um tipo de falha superficial conhecida como *grooving* (sulcamento ou fissuração) ou *spalling* (destacamento, lascamento ou escamação). No caso de fadiga de contato, as tensões significativas são as tensões de cisalhamento máximas (que se alternam em sentido durante o rolamento) e o aquecimento resultante do atrito, causando alterações.

No caso de rolamento puro (sem escorregamento), essas tensões máximas de cisalhamento se realizam em um plano abaixo da superfície e originam o processo de fadiga, ao nuclearem trincas subsuperficiais, cuja propagação provoca trincamentos secundários que atingem a superfície.

Por outro lado, no caso de rolamento com escorregamento, as tensões máximas de cisalhamento aumentam de intensidade e localizam-se junto à superfície, onde se inicia a trinca que, então, propaga-se para o interior da peça, de tal modo que a fissuração se aprofunda no sentido de rotação do componente.

No rolamento com escorregamento, a fadiga de contato geralmente acontece na região ou no componente com escorregamento negativo, que é aquele no qual o sentido do escorregamento (ação de atrito) é oposto ao de rolamento (deslocamento/translação do ponto de contato, que também se move por rotação).

6.3.2 FRETTING

Fretting é um processo de desgaste por atrito que leva à falha por fadiga em superfícies que estão em contato, mas que não deveriam apresentar movimentos relativos, e que, devido a falhas de montagem, vibrações e outros fatores mecânicos semelhantes, realizam micromovimentos de escorregamento (deslizamento entre as superfícies). Uma possibilidade de explicação para esse fenômeno estaria associada à solda e ao arrancamento de pequenas partículas nas superfícies em contato, as quais se oxidam, atuando como partículas abrasivas, riscando as superfícies, e esses riscos atuam como concentradores de tensões, originando trincas de fadiga.

No caso de metais/ligas ferrosos, a oxidação das partículas causa o surgimento de uma coloração avermelhada, principalmente na região periférica àquela onde ocorre o *fretting*. Entretanto, a inexistência dessa coloração avermelhada não garante ausência desse processo de desgaste, pois, nos metais não ferrosos, não surge tal oxidação avermelhada; e, mesmo nos metais ferrosos, caso não haja acesso de oxigênio na região onde sucede o *fretting* devido à presença de graxa, óleo e outras substâncias que impedem o acesso do oxigênio, também não se formará essa coloração avermelhada.

Dois aspectos visuais favorecem o reconhecimento do fenômeno de *fretting*, além da característica de movimento relativo entre as superfícies:

a – geralmente, são observadas várias trincas de fadiga paralelas, dentre as quais uma ou mais se propagam, causando a fratura;

b – as trincas se localizam no interior das superfícies em contato, e não junto à periferia, onde surgiriam devido à concentração de tensões e de tensões residuais de tração que resultam da montagem.

O fenômeno de *fretting* pode ocorrer isoladamente ou em ambiente corrosivo, sendo, neste caso, conhecido como *fretting corrosion*. Assim, a atuação simultânea de um agente corrosivo acelera a degradação.

As Figuras 19, 20 e 21 mostram exemplos de *fretting corrosion* em ensaios implantes de aço inoxidável 316 L, que simulam as condições em que esse fenômeno ocorre no corpo humano.

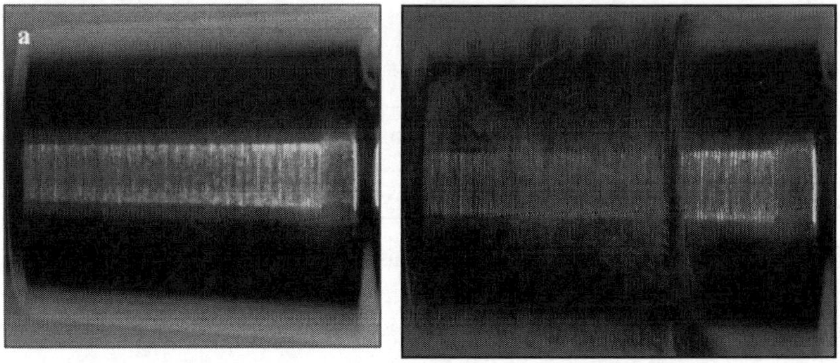

Figura 19 – *fretting corrosion* na interface entre cabeça e cone de prótese femoral de quadril.

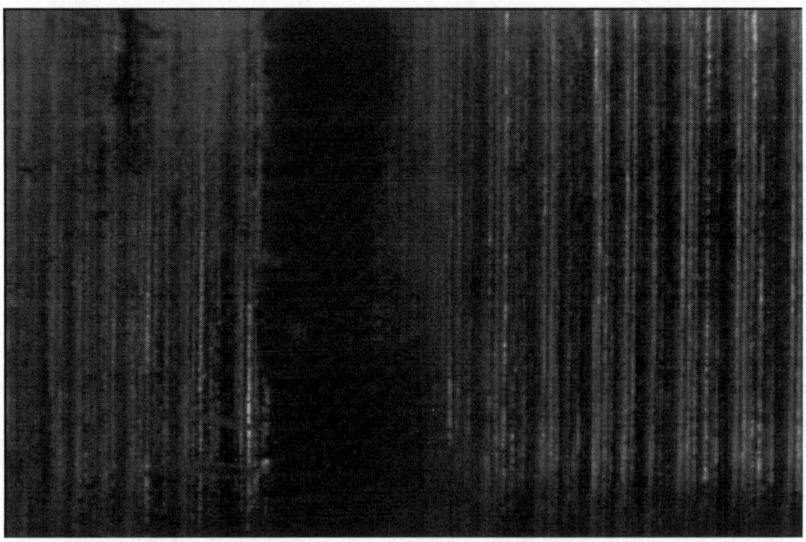

Figura 20 – detalhe da ação de *fretting corrosion* mostrada na figura anterior.

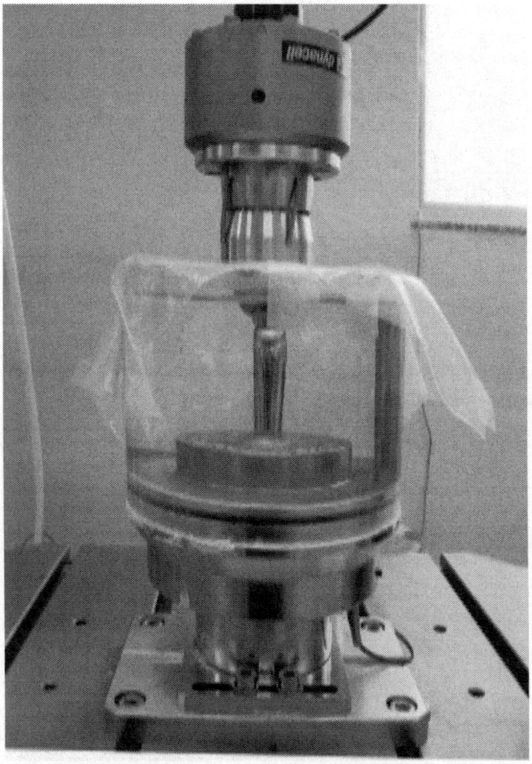

Figura 21 – oxidação avermelhada resultante de *fretting corrosion*.

A Figura 22 mostra o aspecto de um fragmento (*debris*) resultante da corrosão por atrito (*fretting corrosion*) que ocorreu no implante mostrado anteriormente e que levou ao arrancamento desse fragmento, que aparece nesta imagem de MEV.

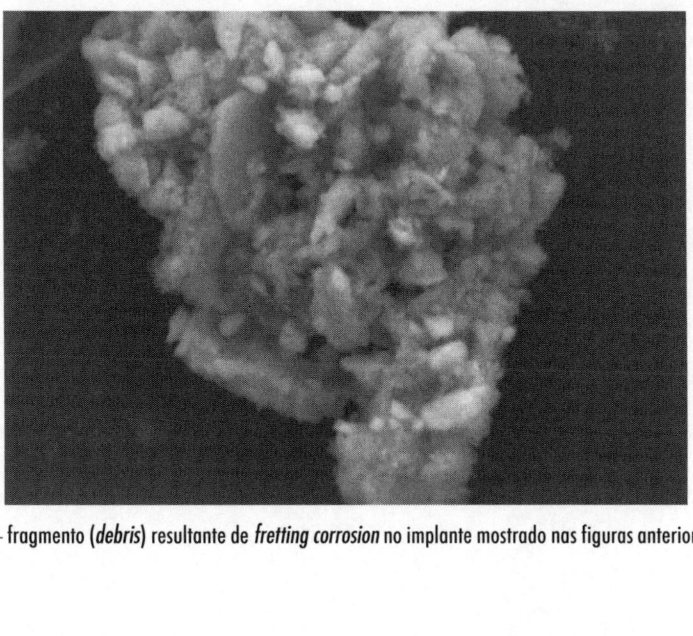

Figura 22 – fragmento (*debris*) resultante de *fretting corrosion* no implante mostrado nas figuras anteriores (19 a 21).

6.3.3 FADIGA TÉRMICA

Somente a variação de temperatura não causa fadiga térmica em um componente. Para que esta ocorra, também é necessário que haja algum tipo de restrição à dilatação ou à contração que resulta da variação da temperatura. Essa restrição causa deformação plástica por compressão no aquecimento, e por tração, no resfriamento, levando ao processo de fadiga térmica.

A restrição pode ser externa, como no caso de pontos de fixação de uma tubulação, ou interna, como é o caso dos gradientes de temperatura existentes em uma mesma peça.

A fadiga térmica também se diferencia da fadiga em alta temperatura, que é decorrente da aplicação de tensões ou deformações cíclicas em altas temperaturas, mas não da variação de temperatura em si.

Algumas características permitem diferenciar a fadiga térmica da fratura por fluência, além do tipo de carregamento:

a) a trinca de fadiga térmica geralmente é transgranular, ao passo que a trinca de fluência é intergranular;
b) a oxidação da superfície de fratura decresce da superfície para o interior da peça, no caso da fadiga térmica, diferenciando-se da oxidação na fluência, que, geralmente, é uniforme;
c) no caso de fadiga térmica, não são observadas trincas e outros tipos de descontinuidade em uma seção polida próxima à fratura, como ocorre na fluência (1).

A Figura 23 apresenta uma imagem de MEV que mostra estrias de fadiga térmica, em forma de cunha, em um tubo de caldeira exposto a um carregamento mecânico cíclico, com variações de temperatura.

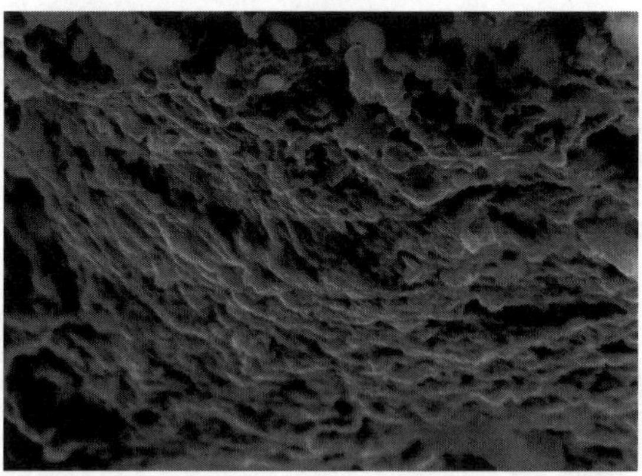

Figura 23 – estrias de fadiga térmica em forma de cunha, em um tubo de caldeira.

CAPÍTULO 7
FUNDAMENTOS CONCEITUAIS DA ANÁLISE DE FALHAS

7.1 INTRODUÇÃO

A análise de falhas utiliza diversos tipos de técnicas para a investigação das causas do defeito que leva ao colapso de um equipamento ou de uma estrutura. De um modo geral, essas causas estão relacionadas à utilização de materiais inadequados, à presença de defeitos surgidos durante a fabricação e a erros de projeto, montagem, manutenção ou utilização. O conhecimento dessas causas e a correção dessas anomalias permitem aprimorar o funcionamento de equipamentos semelhantes e evitar a repetição do mesmo tipo de falha, melhorando o desempenho do componente, tanto em relação à funcionalidade quanto ao atendimento dos requisitos de segurança, além de proporcionar ganhos na produtividade e na qualidade do produto fabricado.

Em geral, a análise de falhas busca correlacionar o aspecto visual de uma fratura à sua possível causa, utilizando, para isso, técnicas de microscopia, principalmente a microscopia eletrônica de varredura (MEV) (1).

Em geral, do ponto de vista econômico, e da indústria, os produtos são fabricados para funcionar de forma confiável e segura durante certo período, para o qual sua operação está programada, o chamado tempo de vida útil, que depende do tipo de aplicação ao qual o produto se destina. Apesar de todos os cuidados no projeto e na fabricação, assim como na realização de testes/ensaios prévios, nem sempre é possível evitar a ocorrência de defeitos e falhas, mesmo quando o material é utilizado de forma correta ou prevista desde o projeto. A falha, geralmente, leva a uma perda econômica, devido às interrupções na produção, que acarretam paralisações para conserto ou manutenção corretiva, geralmente emergencial. Eventualmente, falhas acarretam riscos à saúde e à segurança de seres humanos (7).

Medidas concebidas para corrigir ou prevenir falhas podem ser introduzidas quando as causas das falhas e os fatores que contribuem para a sua ocorrência forem identificados por meio de uma investigação sistemática. A análise de falhas pode levar a significativas melhorias no desenvolvimento de materiais, na seleção/escolha de materiais, no projeto, na produção e no modo de operação/utilização do produto. Adicionalmente, o conhecimento adquirido pode ser aplicado no controle de qualidade, como auxílio para prevenir falhas e introduzir inovações; na produção, no desenvolvimento, no processamento, na fabricação e nos testes, e no uso de materiais. A análise de falhas ajuda a determinar a ótima combinação de material, projeto, produção e propriedades do componente, considerando-se também o custo relativo.

O sucesso de uma análise de falhas depende, em grande parte, do cuidado no planejamento, do tipo e do alcance das etapas individuais no processo de investigação, assim como da qualidade do seu desempenho (7).

Para sistematizar adequadamente a experiência obtida com a análise de falhas e compartilhar essa experiência com outros engenheiros, é necessário uniformizar a descrição e a análise da falha, de modo que essa metodologia proporcione (7):

- definição dos termos utilizados;
- descrição e nomenclatura dos tipos de falha de um modo uniforme;
- direcionamento para a realização sistemática de análises de falhas;
- garantia de comparabilidade dos resultados obtidos por diferentes laboratórios de análises;
- estabelecimento de requisitos para uma documentação compreensível.

Os termos e definições mais utilizados na análise de falhas são (7):

- Defeito: divergência do valor nominal de uma propriedade, que não impede o funcionamento normal de um produto, mas que pode transformar-se na causa de uma falha.
- Defeitos que influenciam as falhas: defeitos que não causam diretamente a falha, mas que contribuem para a sua ocorrência.
- Falha consequencial: falha desencadeada por uma falha anterior no mesmo produto ou em um produto diferente e que, frequentemente, causa custos maiores do que os gerados pela falha primária.
- Falha primária: cronologicamente, é a primeira falha que ocorre e que, por sua vez, causa falhas consequenciais – secundárias, terciárias etc.
- Produto de referência: produto ou amostra usados como padrão para comparação com o produto defeituoso que está sendo analisado; seu uso deve ser justificado com razões lógicas.

- Falha: mudança em um produto, que impede uma ou mais funções, completamente ou até um grau considerável.
- Processo de falha: desenvolvimento cronológico de uma falha.
- Tipo de falha: atribuição de uma falha a um determinado modo – fragilização, fratura, vazamento e outros.
- História da falha: registro, avaliação e documentação da ocorrência de uma falha.
- Hipótese para a falha: tipo de falha que parece ser o mais provável, com base no ambiente da falha, de modo que um determinado processo de falha assumido ajude a estabelecer essa hipótese, que permite orientar as etapas da investigação. O desenvolvimento das hipóteses para a falha é decisivamente influenciado pela experiência do analista.
- Mecanismo de falha: sucessão de mudanças em um material que levam, isoladamente ou em combinação, a falhas em determinados ambientes. Nesse contexto, a reação dos materiais às tensões externas exerce uma função central.
- Fenômeno ou modo de falha: manifestação externa, óbvia e visualmente detectável de um defeito em um produto.
- Local de origem da falha: região da amostra na qual é possível identificar o início de falha.
- Ambiente da falha: conjunto de todas as condições estruturais existentes na ocasião e no lugar em que a falha ocorreu.
- Causa da falha: somatório de todas as influências que acarretaram a falha – podem ser primárias, quando são decisivas para a ocorrência da falha; ou secundárias, quando apenas contribuem para sua ocorrência.
- Prevenção da falha: conjunto de medidas preventivas com a finalidade de evitar a ocorrência/repetição de falhas semelhantes.
- Produto defeituoso: produto ou componente afetado por uma falha.
- Falhas seriais: falhas que ocorrem do mesmo modo em um certo número de produtos.
- Defeito preexistente: algum tipo de dano que inviabiliza o funcionamento normal de um produto, ou área adjacente que já existia, mas ainda não havia manifestado esse dano.
- Falhas repetidas: falhas que ocorrem do mesmo modo e no mesmo tipo de produto.

Recomendações gerais para a realização de uma análise de falhas (7):

No procedimento de realização de uma análise de falhas, uma etapa decisiva é a formulação e o desenvolvimento de uma hipótese de falha, com base nas características do produto e no ambiente no qual ele estava funcionando. Essa hipótese é formulada a partir de métodos analíticos apropriados e, depois, testada, para verificar sua consistência/verossimilhança.

A pessoa encarregada da realização da análise de falhas é responsável por garantir que esta seja feita de forma neutra, objetiva e qualitativamente inequívoca, o que pressupõe o manuseio cuidadoso das amostras, que devem ser preservadas no decorrer da análise de falha. Qualquer incerteza nos resultados decorrente de amostragem insuficiente, falta de dados operacionais ou inexistência de uma amostra de controle deve ser mencionada no relatório final. Essa pessoa também deve garantir que as conclusões correspondam aos fatos técnicos investigados e analisados, não podendo ter nenhum tipo de ligação ou envolvimento com a fabricação ou a utilização/operação do produto analisado, e deve conhecer os ensaios realizados no escopo da análise de falha, mesmo que não seja o responsável direto pela geração dos resultados nesses ensaios.

Deve ser estabelecida uma relação clara entre os resultados da análise de falhas e o ambiente onde a falha ocorreu. O analista deve considerar todos os fatores relevantes e sumarizar e apresentar as conclusões de uma maneira apropriada e compreensível.

A primeira etapa de uma análise de falhas é a descrição da falha em si. Nesse contexto, a falha deve ser registrada e documentada por meio de fotografias e/ou desenhos esquemáticos, assim como devem ser registrados todos os dados operacionais. Todas as anomalias visíveis/reconhecíveis devem ser registradas. Caso seja necessário, investigações iniciais não destrutivas podem ser realizadas. Dependendo do grau de relevância do produto defeituoso para o funcionamento de um sistema muito maior, a sua disfuncionalidade deve ser avaliada, no local onde se encontra, por uma visita da equipe de analistas a este local (7).

Em seguida, a condição geral do produto defeituoso deve ser descrita, identificada e documentada: sua aparência, sua posição, o ponto/região de origem da deformidade, da trinca e da fratura; indícios de corrosão ou de desgaste, e demais evidências do uso operacional. Adicionalmente, características superficiais, como descoloração, depósitos, produtos de corrosão, resíduos químicos e evidências da ação do fogo, também são dados interessantes que devem ser registrados para posterior análise. Quando for possível, produtos de referência, semelhantes ou equivalentes, devem ser usados em análises comparativas. Nesse contexto, é importante que semelhanças e diferenças entre os produtos defeituosos e os produtos de referência sejam registradas, analisadas e citadas.

Posteriormente, também devem ser registradas as propriedades (características dimensionais e outras) e os detalhes relacionados a projeto, material, produção, tecnologia, instalação e tensões atuantes (7).

Uma importante etapa em todo trabalho de análise de falhas é o registro do histórico de uso do produto defeituoso, isto é, informações referentes à sua instalação/início de operação: quando e como se deu e as condições ambientais em serviço ao longo do tempo. Esse registro histórico é de grande importância porque todos os resultados analíticos posteriores decorrentes da investigação deverão ser colocados no contexto das condições estruturais reais. Desse modo, o histórico da falha deve ser registrado cuidadosamente e descrito do modo mais claro possível, também levando em consideração informações adicionais, que inicialmente não estavam conectadas com a causa da falha. Qualquer erro, inconsistência ou lacuna no registro do histórico da falha pode dificultar a análise de falha, ou conduzi-la em uma direção errada.

O registro do histórico de uma falha envolve inicialmente o registro de informações gerais sobre o produto ou componente, mesmo sem considerar explicitamente a falha, como (7):

- a descrição do produto;
- a descrição da funcionalidade;
- a descrição da função do produto, especificamente dentro de um sistema maior;
- a descrição do efeito das tensões externas nas condições operacionais.

Em seguida, informações adicionais relacionadas ao objeto afetado pela falha devem ser registradas, de modo que estejam disponíveis.

A pessoa responsável pela análise de falhas deve garantir que os ensaios e observações necessários sejam realizados, e que as conclusões correspondam aos fatos técnicos efetivamente observados e registrados. Essa pessoa deve conhecer os ensaios e análises, e orientar/supervisionar outras pessoas no planejamento e na execução dessas análises (7).

Durante o processo de registro do histórico de uma falha, informações sobre o funcionamento do produto ao longo do tempo, assim como sobre as condições ambientais e estruturais em geral, devem ser identificadas. Outras informações sobre o produto e a ocorrência da falha em si são muito importantes e também devem ser registradas, como (7):

- o histórico completo do produto, incluindo data ou época de produção, local de produção, matéria-prima, lote/batelada de fabricação, condições de armazenamento, dados sobre instalação e início de funcionamento, tensões atuantes, registros de manutenção, calibração, revisões e monitoramento em geral;
- reconstituição da ocorrência da falha, na medida do possível; neste contexto, produtos defeituosos, com defeitos menos pronunciados ou de um nível anterior da falha, podem ser úteis;
- datas de vistorias, revisões e monitoramento externo, assim como de certificações de ensaios realizados.

Particularmente nos casos em que o número de produtos defeituosos é muito grande, o pressuposto de que os produtos foram submetidos à geração de um defeito sistemático, que, inicialmente, não foi causado por uso inadequado, parece ser bastante provável. Então, outros fatores – mas não apenas nessas circunstâncias –, que podem influenciar a falha, nos momentos mais iniciais do ciclo de vida do produto, são bastante decisivos para a sua ocorrência e por isso devem ser considerados com muita atenção, como (7):

- definição e implementação de requisitos de produtos;
- projeto;
- materiais;
- processamento;
- operação.

É importante observar esses fatores de influência individualmente. Quando se faz isso, as seguintes questões e considerações podem ajudar (7):

- Na avaliação do projeto:

    - O mesmo tipo de produto permaneceu por muito tempo no mercado sem o registro de reclamações?
    - Se esse for o caso, considerando os defeitos no projeto ou no dimensionamento, a estes não foi atribuída prioridade máxima?
    - Mudanças, mesmo que pequenas, foram realizadas no projeto, no dimensionamento, nos materiais e no processo de fabricação?
    - Se os primeiros produtos colocados em operação já haviam apresentado falha, a definição de requisitos, o projeto e a qualidade do processo de fabricação devem ser considerados cuidadosamente.

- No material:

    - Qual material foi selecionado para atender aos requisitos do projeto?
    - Esse material, com essas características, foi efetivamente usado na fabricação do produto?
    - São conhecidos os mecanismos de falha mais comuns para esse material?
    - O surgimento de uma falha pode ser atribuído a determinados lotes de fabricação do material?
    - As condições estruturais e conjunturais favorecem a ocorrência da falha?

- No processo de fabricação:

    - O processo de fabricação é conhecido por resultar em propriedades no produto que fundamentalmente correspondem ao modo de falha observado?
    - Foram efetuadas modificações significativas no processo de fabricação, como mudanças em máquinas, moldes, temperaturas e processamento e outras semelhantes?

    - Foram realizadas etapas adicionais no processamento do material?
    - Em que medida essas etapas adicionais modificaram as propriedades do produto?

- Nas condições operacionais:

    - Quais condições operacionais prevaleceram, como os tipos de tensões atuantes ou o estado de tensões?
    - Os produtos defeituosos estão associados a algum grupo ou conjunto específico no que se refere ao tempo ou ao local nos quais foram fabricados?
    - Nesse contexto, deve-se prestar atenção especial à periodicidade no que se refere a:

        a) grupos/conjuntos cronológicos, que são uma indicação de mudanças no processo de fabricação, no material ou no nível de tensões atuantes, resultantes de influências climáticas, dependendo da sua periodicidade;
        b) grupos/conjuntos locais de casos de falhas, que são uma indicação de tensões aumentadas no caso específico de deslocamento ou transporte.

    - As condições de deslocamento correspondem às demandas para as quais o produto foi projetado?

Esse registro do histórico da falha frequentemente permite sua descrição mais detalhada, considerando tanto as observações visuais quanto completamente o ambiente onde a falha ocorreu (7).

A investigação instrumental/analítica subsequente será mais significativa e de mais fácil interpretação caso seja realizada uma comparação com produtos de referência. Frequentemente, a disponibilidade das amostras de produtos de referência determina quais análises devem ser realizadas. Por esse motivo, é essencial que os seguintes aspectos sejam considerados quando é registrado o histórico de uma falha (7):

- No caso de falhas sistemáticas, até que ponto o produto defeituoso é igual à unidade inteira afetada?
- Quais sãos os produtos de referência disponíveis?
- Quais matérias-primas estão à disposição?
- Existem produtos novos disponíveis, que foram fabricados no mesmo local, ao mesmo tempo e do mesmo lote ou batelada?

- Existem peças funcionais disponíveis que já foram utilizadas para aplicações semelhantes?
- Existem matérias-primas usadas no mesmo lote ou batelada de fabricação das peças defeituosas?

Todas as informações coletadas devem ser avaliadas no tocante à sua confiabilidade. Deve ser considerado que, frequentemente, as informações que surgiram no momento da falha podem ser de grande interesse para alguém. Nesse sentido, é importante anotar que as informações e/ou amostras de referência teriam sido de grande interesse, mas não estavam disponíveis, de modo que terceiros estejam cientes da subsequente escolha das investigações individuais (7).

7.2 HIPÓTESES DE FALHAS

Em poucos casos é possível determinar as causas da falha usando apenas as descrições e registros sobre esta, mas a coleta dessas informações e a descrição detalhada da falha com frequência permitem a formulação de hipóteses para a ocorrência da falha, com base em análise lógica combinada com cadeias causais, isto é, o encadeamento de eventos em que um causa a ocorrência de outro subsequente. Assim, desenvolve-se empiricamente uma hipótese de falha quando um produto defeituoso foi fabricado com o uso de um material submetido a mecanismos de falha característicos. A hipótese de falha deve mencionar condições que tendem a promover a ocorrência da falha e diferenciar entre falhas consequenciais e falhas primárias potenciais (7).

As hipóteses de falhas devem ser avaliadas por comparação com os registros do histórico da falha, no que se refere à probabilidade de sua ocorrência e, por outro lado, à viabilidade de que essas hipóteses sejam comprovadas, permitindo, assim, que sejam priorizadas. As hipóteses, assim consideradas, devem ser testadas com o uso de instrumental analítico apropriado. Uma vez confirmadas as hipóteses de falhas, é possível orientar o prosseguimento das análises subsequentes.

A experiência dos analistas é um fator decisivo na formulação das hipóteses de falhas. Caso seja necessário, especialistas devem ser consultados para responder sobre questões muito específicas (7).

7.3 ANÁLISES INSTRUMENTAIS

Existem vários métodos de ensaio e de investigação disponíveis para o estudo das falhas. A seleção apropriada é determinada, primordialmente, pelas amostras disponíveis, pelo material a ser avaliado e pelas propriedades desse material, objeto de foco da hipótese de falha adotada, assim como considerações sobre o esforço a ser realizado e sobre os recursos disponíveis para a investigação.

Vários procedimentos, na maior parte, específicos para determinados materiais, devem ser considerados, de modo que seja possível avaliar as seguintes características (7):

- modo de falha e suas características;
- estrutura e estado do material;
- composição do material, metais de adição, materiais de reforço e seu conteúdo;
- propriedades físicas, químicas e tecnológicas de materiais e seus componentes;
- características do projeto;
- propriedades resultantes do processamento;
- propriedades úteis;
- análise do estado de tensões atuantes.

Considerando-se que, frequentemente, não é apenas uma propriedade em si, mas o grau de mudança dessa propriedade que tem efeitos decisivos no desempenho de um produto, exatamente como já foi mencionado, é recomendável incluir uma amostra de referência nas análises efetuadas (7).

Quando as condições estruturais permitem, a hipótese de falha deve ser testada por meio de uma simulação apropriada ou por tentativas de reconstrução da situação existente no momento da falha. Nesse contexto, comentários apropriados devem ser incluídos para explicar até que ponto as condições estruturais correspondem ao ambiente da falha, ou dele divergem (7).

7.4 PLANO DE INVESTIGAÇÃO

As investigações individuais devem ser realizadas de acordo com um plano de investigação, de modo a assegurar que elas ocorram de modo racional e organizado. É necessário ponderar se os métodos de análise devem ser considerados com base em critérios de custo, de tempo e de dinheiro, ou qual seria a hipótese de falha mais provável.

Os resultados encontrados devem ser constantemente revisados, a fim de se determinar se são consistentes com a hipótese de falha adotada e vigente. O plano de investigação deve ser flexível, de modo que seja possível divergir dele em qualquer momento se os resultados encontrados na investigação indicarem essa necessidade de mudança de rumos. Caso seja necessário, uma nova direção deve ser seguida no âmbito do plano de investigação, porque os resultados encontrados exigem que novas hipóteses de falha sejam formuladas (7).

7.5 COLETA DE AMOSTRAS

Quando se realizam análises individuais de produtos que apresentaram falhas, a amostragem é uma etapa de grande importância. A amostra deve ser retirada de uma área que seja representativa e indicativa da causa da falha, sendo suficientemente grande e removida sem adulteração. Se métodos destrutivos devem ser usados, é preciso ter em mente que amostras defeituosas são únicas em vários aspectos. Assim, a amostra deve ser retirada/coletada com grande cuidado e documentada de maneira compreensível. Também é necessário elaborar um plano de coleta/retirada de amostras.

A informação mais conclusiva pode ser obtida ao se examinarem áreas nas quais a falha estava ainda em um estado inicial. Frequentemente, essas áreas estão relativamente próximas à região onde a falha estava mais avançada, ou na qual um componente estava submetido às mesmas tensões (7).

A adulteração (introdução de artefatos) pode acontecer durante a coleta da amostra de vários modos diferentes. É possível citar os seguintes exemplos (7):

- as amostras são inadvertidamente trocadas;
- a documentação é insuficiente, podendo dificultar, posteriormente, a adequada atribuição de influências que não foram consideradas inicialmente, como as tensões mecânicas, a temperatura, o ataque químico, os fluxos de água, ar e gases, assim como as características do processamento daquele material;
- influências mecânicas e térmicas durante a retirada/coleta das amostras, que podem modificar a estrutura destas;
- influências mecânicas e térmicas durante a retirada/coleta das amostras, que podem modificar as superfícies dos componentes ou as faces da fratura;
- fontes de contaminação, como produtos de corrosão ou a história térmica, podem ser perdidas ou adulteradas.
- contaminação, canetas marcadoras, agentes de limpeza ou de preparação podem levar à absorção de substâncias estranhas, não associadas à fratura em si.

7.6 PROCESSO DE INVESTIGAÇÃO

A investigação de uma falha deve procurar respostas para as questões colocadas quando se define uma hipótese de falha.

É necessário planejar a ordem de realização dos ensaios individuais, particularmente nos casos em que as amostras de material são muito poucas ou limitadas. O foco deve estar em evitar a destruição de qualquer tipo de evidência significativa, por um lado, e, por outro, garantir que todos os tipos de investigação necessários possam ser realizados. Assim, é possível, por exemplo, analisar a composição química de um material com o uso dos fragmentos resultantes dos ensaios da tração; já o contrário, não.

Também é necessário tomar cuidados para que as simulações, práticas e matemáticas, reproduzam o mais fielmente possível as condições nas quais a falha aconteceu (7).

7.7 AVALIAÇÃO DOS RESULTADOS ENCONTRADOS

Os resultados obtidos nos ensaios e nas investigações devem ser analisados em função da hipótese de falha adotada. Adicionalmente, uma avaliação independente deve ser realizada para determinar se os resultados podem gerar novos conhecimentos e conclusões que não estavam explicitamente formulados na hipótese de falha.

Um aspecto central durante essa fase é a comparação dos resultados encontrados com as especificações do fabricante, com valores padronizados ou com os resultados de investigações paralelas dos produtos de referência. Investigações adicionais são necessárias para verificar ou reforçar esses resultados. Caso eles contradigam a hipótese de falha, novas hipóteses devem ser formuladas e adotadas, em um processo iterativo. Esse procedimento demandará a realização de uma nova análise crítica da hipótese, ou mesmo uma nova análise do histórico da falha (7).

7.8 DETECTANDO A CAUSA DA FALHA

Para detectar a causa da falha, a sua descrição, o seu histórico e os resultados encontrados nas análises instrumentais devem ser combinados mutuamente de maneira lógica. Dependendo da complexidade do caso de falha, o modo de falha nem sempre permite uma conclusão clara em relação às suas causas. O objetivo da análise de falhas é reunir o maior número de informações confiáveis que possam indicar uma ou mais causas da falha.

Se várias causas forem reconhecidas, dentre as quais nenhuma isoladamente possa ter levado à falha, é necessário tentar distinguir entre a causa primária e as causas secundárias que podem ter influenciado ou contribuído para a ocorrência da falha. Estas devem ser diferenciadas das causas que atuam necessariamente de modo simultâneo, como os vários fatores que causam a fratura por corrosão sob tensão.

A investigação só pode ser concluída com a determinação da causa primária e das causas ou influências secundárias que promoveram a ocorrência da fratura (7).

7.9 CORREÇÃO DE FALHAS

O objetivo da análise de falhas não se limita ao esclarecimento das causas da falha, ao contrário: é necessário adotar medidas que possam remediar a falha e prevenir sua reincidência. Nesse contexto, é importante conhecer as experiências de casos semelhantes, pois as medidas adotadas para reparar as falhas dependerão do tipo e poderão incluir aspectos relacionados ao projeto, ao processo de fabricação, aos materiais e ao modo de uso ou operação daquele produto (7).

7.10 RELATÓRIO

O relatório da análise de falhas deve ser elaborado de forma concisa, mas, ao mesmo tempo, deve incluir todos os detalhes importantes para determinar a causa da falha, e estes devem ser documentados com ilustrações e dados de ensaios, se possível sob a forma de tabelas. Também devem ser incluídas recomendações de medidas para a correção e a prevenção da falha.

Em geral, não existe um modelo único para redigir relatórios de análise de falhas. Se as falhas de um grande número de componentes semelhantes foram analisadas, é recomendável desenvolver e utilizar um modelo padronizado (um *template*) para redigir os relatórios. O roteiro a seguir pode ser utilizado como uma espécie de modelo de relatórios de análises de falhas (7):

- Título do relatório:
    - relatório requisitado por uma determinada pessoa física ou jurídica; nome ou razão social e demais dados: telefone, endereço e outros;
    - autor(es): nomes e outros dados pessoais;
    - instituição à qual os autores são filiados: nome e outros dados.
- Problema encontrado:
    - tipo, modo e extensão de falha;
    - definição das tarefas a serem realizadas;
    - registro do histórico da falha, a partir de dados próprios ou de terceiros;
    - lista de documentos utilizados e fontes em geral.
- Investigação:
    - identificação da peça (componente, amostra ou corpo de prova) que apresentou falha;
    - identificação de uma amostra comparável que possa ser considerada uma amostra de referência;
    - registro do histórico e contexto da falha;
    - proposição de hipóteses de falha;
    - elaboração de planos de investigação e de coleta de amostras;
    - investigações individuais e seus resultados;

    - avaliação dos resultados encontrados – comparação com valores nominais e reais.

- Conclusões:

    - causas da falha;
    - possibilidades de reparo e medidas necessárias;
    - reparo e prevenção da falha;
    - nota de observações sobre a preservação da amostra que apresentou falha.

7.11 GERENCIAMENTO DE CONHECIMENTO E DOCUMENTAÇÃO

7.11.1 IMPORTÂNCIA DO GERENCIAMENTO DE CONHECIMENTO

O conhecimento adquirido com a experiência é uma base essencial para a análise de falhas. Hipóteses de falhas precisas podem ser desenvolvidas rapidamente em muitos casos ao se estabelecerem analogias, que podem, por sua vez, ser confirmadas por análises direcionadas. Os custos, tanto em termos de dinheiro quanto de tempo, podem ser significativamente reduzidos. Nesse contexto, é fundamental que o conhecimento, baseado em experiência, esteja disponível, e isso requer uma forma adequada de gerenciamento do conhecimento (7).

Uma rotina compreensível de documentação e arquivamento pode possibilitar a localização rápida dos resultados de análises de falhas anteriores e da realização de avaliações estatísticas. Isso tudo cria as condições necessárias para:

- a redução dos custos envolvidos na análise de novas falhas, ao avaliar o conhecimento obtido em casos de falha anteriores;
- o desenvolvimento e a implementação de medidas corretivas e preventivas, ao considerar, de modo pormenorizado, a experiência adquirida em casos anteriores de falhas;
- a verificação da efetividade da análise de falha.

7.11.2 TERMINOLOGIA DE DESCRIÇÃO DE FALHAS

Falhas costumam ser descritas de modos diferentes por diferentes autores. Para garantir que haja coleta e avaliação sistemática de dados, assim como comparabilidade de resultados encontrados, é necessário estabelecer uma terminologia uniforme. Uma nomenclatura apropriada para a descrição de falhas, que também pode servir como uma fonte de termos ou palavras-chave para buscas, está incluída mais adiante neste livro (7).

7.11.3 SELEÇÃO DE UM SISTEMA APROPRIADO DE DOCUMENTAÇÃO E ARQUIVAMENTO

A seleção de um sistema apropriado de documentação e arquivamento deve ser desenvolvida em função de (7):

- número de relatórios de falhas a serem armazenados;
- número de características necessárias, ou termos/palavras-chaves para buscas e suas subcategorias;
- número de pessoas sendo introduzidas e utilizando o sistema;
- trabalho envolvido na implementação e manutenção desse sistema.

Nessa conjuntura, também devem ser considerados os requisitos organizacionais para o direcionamento de documentos, dados e avaliação estatística, de acordo com as normas ISO 9001 e ISO/IEC 17025 (8, 9).

No caso de análises de falhas conduzidas dentro de uma empresa, o sistema deve ser concebido de modo a viabilizar a avaliação dos resultados encontrados que possam ser diretamente considerados para a criação de procedimentos e instruções com o propósito de instituir ações corretivas e preventivas de acordo com os requisitos de tais normas (7).

CAPÍTULO 8

OBTENÇÃO E PREPARAÇÃO DE AMOSTRAS PARA A ANÁLISE FRACTOGRÁFICA

8.1 PRESERVAÇÃO E LIMPEZA DAS SUPERFÍCIES DE FRATURA

Geralmente, as superfícies de fratura são frágeis e sujeitas à ocorrência de danos causados por fatores ambientais e mecânicos, que podem levar à destruição de importantes características para a análise dessas superfícies. Por esse motivo, as amostras fraturadas devem ser cuidadosamente manipuladas durante todas as etapas da análise, sendo também recomendado estender tal cuidado ao processo de obtenção das amostras, desde o local onde o componente, o dispositivo ou a estrutura falhou. Outro aspecto importante é o processo de limpeza de amostras fraturadas, normalmente submetidas a todo tipo de contaminação ou deterioração desde o momento da falha nesse local. Finalmente, outro ponto importante é a questão do corte/seccionamento das amostras fraturadas e a abertura de trincas secundárias. Todos esses temas serão abordados a seguir (2).

8.1.1 CUIDADO NA MANIPULAÇÃO DE AMOSTRAS FRATURADAS

A interpretação do aspecto visual, macro ou microscópico, de uma fratura é função da condição em que se encontra sua superfície. Como o aspecto visual da superfície de fratura é uma rica fonte de informações, é importante saber identificar os tipos de danos que podem diminuir, ou mesmo suprimir, essas importantes características das superfícies e dificultar, obstruir ou inviabilizar a interpretação dos mecanismos e causas que levaram à ocorrência da fratura. De um modo geral, esses danos podem ser classificados como químicos e mecânicos e podem surgir durante ou após a ocorrência da fratura. Se o dano acontecer durante a ocorrência da fratura, pouco pode ser feito para minimizá-lo ou neutralizá-lo. Todavia o manuseio adequado das amostras e o cuidado com as condições da superfície de fratura podem reduzir os danos que poderiam acontecer após a ocorrência da fratura (2).

Os danos químicos que acontecem na superfície de fratura após a ocorrência desta são resultado das condições ambientais. Se o ambiente adjacente à frente de avanço de uma trinca é corrosivo ao metal base, a superfície de fratura resultante, em contato com esse ambiente, será danificada quimicamente. O trincamento devido a tais fenômenos, como o que resulta de corrosão sob tensão, fragilização por metal líquido e corrosão-fadiga, produz superfícies de fratura corroídas por causa da natureza do processo corrosivo.

O dano mecânico associado à superfície de fratura normalmente resulta das condições de carregamento. Se essas condições são tais que causam atrito/deslizamento entre as superfícies resultantes da fratura, estas ficarão danificadas. O fechamento da trinca durante o processo de fadiga é o exemplo de uma condição que cria dano mecânico ao longo da ação de fratura.

O dano químico da superfície de fratura após sua ocorrência é o resultado das condições ambientais presentes após esse evento. Qualquer ambiente agressivo ao metal base promoverá algum tipo de ataque que o danificará. O ar úmido é considerado agressivo para a maioria das ligas ferrosas, causando oxidação na superfície de fratura em um curto intervalo de tempo. Por outro lado, o simples ato de tocar com os dedos essa superfície é capaz de introduzir no local umidade (suor) e sais (oriundos do corpo humano), que podem promover um ataque corrosivo e danificar a superfície de fratura (2).

O dano mecânico na superfície de fratura, que se dá após esse processo, geralmente resulta de manuseio ou transporte inadequados. É muito fácil danificar uma superfície de fratura quando alguém está abrindo trincas primárias, cortando (seccionando) a fratura de uma peça maior ou transportando a amostra fraturada. Outros modos comuns de introduzir dano mecânico consistem em juntar as duas metades fraturadas, encaixando-as, ou segurar a amostra fraturada com algum instrumento cujas extremidades são agudas ou cortantes. O manuseio e o transporte cuidadosos são necessários para minimizar o dano mecânico em superfícies de fratura de materiais metálicos.

Uma vez ocorrido o dano mecânico na superfície de fratura, nada pode ser feito para removê-lo ou suprimir seu efeito nocivo na morfologia da superfície de fratura. Um caso de ataque corrosivo, como o que resulta de oxidação em alta temperatura, frequentemente impossibilita qualquer tentativa de restauração da superfície de fratura. Entretanto, se o dano químico causado não for muito severo, é possível utilizar técnicas de limpeza superficial que removam camadas superficiais oxidadas, ou corroídas, e, assim, restaurar o aspecto original da superfície de fratura, ou algo próximo disso (2).

8.1.2 OBSERVAÇÃO VISUAL PRELIMINAR

Toda superfície de fratura deve ser cuidadosamente observada para identificar a localização de sítios de iniciação (origem) desta, e, assim, determinar áreas da região de iniciação da fratura que possam ser mais adequadas para a posterior análise microscópica. A origem da fratura geralmente contém indicações sobre sua causa, e tanto baixas quanto altas ampliações são fundamentais para realizar uma análise de falhas precisa. Quando o tamanho da amostra falhada permite a observação visual com baixa ampliação em um microscópio estereoscópico com amplitude suficiente e uma fonte de iluminação oblíqua, esta deve ser conduzida (2).

Adicionalmente à localização da origem da fratura, a análise visual é necessária para revelar a presença de concentradores de tensões, defeitos no material, presença de revestimentos superficiais, características típicas de têmpera/cementação, soldas e outras particularidades que possam contribuir para o trincamento. O nível geral de tensões, a ductilidade relativa do material e o tipo de carregamento (torção, cisalhamento, flexão e outros) também podem ser determinados frequentemente a partir de uma análise visual (2).

Finalmente, uma cuidadosa macroanálise é necessária para caracterizar as condições da superfície de fratura, de modo a orientar a subsequente caracterização micrográfica. A macrografia pode ser utilizada para identificar áreas com severo arrancamento, amassamento ou atrito, em que as metades da fratura deslizaram uma em relação à outra, atritando-se, como também para identificar regiões cobertas com produtos de corrosão. Assim, algumas regiões menos afetadas por esses processos descritos anteriormente podem ser selecionadas para a microanálise. Quando o crescimento estável da trinca continuou por um período longo, a região próxima à fratura rápida quase sempre é a menos afetada, porque é a área trincada mais recente. Os agentes corrosivos frequentemente não conseguem penetrar até a região da ponta da trinca, e, assim, ela, em geral, permanece limpa (não corroída) o suficiente para a análise micrográfica.

A macroanálise visual com frequência revela trincas secundárias que haviam se propagado apenas parcialmente por meio de um componente trincado. Essas trincas podem ser abertas manualmente no laboratório e quase sempre estão em condições muito mais favoráveis à observação do que a superfície de fratura principal. Áreas para seccionamento por corte podem ser identificadas para subsequentes metalografia, análise química e ensaios para determinação de propriedades mecânicas (2).

8.1.3 TÉCNICAS DE PRESERVAÇÃO DE SUPERFÍCIES DE FRATURA

A não ser que uma superfície de fratura seja analisada imediatamente após seu surgimento, deve ser preservada o mais rapidamente possível, para evitar a ação de agentes corrosivos presentes no meio ambiente. O melhor modo de se preservar uma superfície de fratura é secá-la com um suave jato de ar quente e, então, armazená-la em um dessecador, em um recipiente com vácuo ou, pelo menos, em um invólucro plástico contendo sílica-gel ou qualquer outra substância higroscópica capaz de absorver a umidade e evitar o contato desta com a amostra fraturada. No entanto, em alguns casos, esses métodos de isolamento podem ser insuficientes, fazendo com que sejam necessários outros métodos de proteção, como a aplicação de revestimentos/camadas, ou mesmo de substâncias aderidas superficialmente, como a vaselina, para evitar ou, pelo menos, minimizar a oxidação ou a corrosão da superfície de fratura. A principal desvantagem desses métodos de revestimento e similares é o seu uso em superfícies de fratura contendo *debris*/fragmentos, que frequentemente proporcionam importantes informações sobre a causa da fratura e que podem ser removidos/perdidos durante a aplicação ou remoção do revestimento, quando é necessário realizar a observação da superfície de fratura no microscópio. Em alguns casos, é possível recuperar esses fragmentos de fratura filtrando-se o solvente utilizado para remover esses revestimentos, de tal modo que os fragmentos são, então, capturados no resíduo do solvente depositado no filtro.

Principais requisitos para um revestimento usado na proteção anticorrosiva de superfícies de fratura de materiais metálicos (2):

- o revestimento não pode reagir quimicamente com o metal base; deve ser inerte nesse ponto de vista;
- o revestimento deve efetivamente evitar ou, pelo menos, minimizar o ataque corrosivo da superfície de fratura promovido pelo meio ambiente;
- o revestimento deve ser fácil e completamente removido sem danificar a superfície de fratura.

No campo, superfícies de fratura podem ser revestidas com óleo fresco, graxa de eixo ou vaselina, desde que fique claro que essas substâncias não ataquem especificamente o material fraturado. Verniz acrílico ou revestimentos plásticos (poliméricos) podem ser aspergidos. Esses *sprays* incolores e transparentes podem ser facilmente removidos das superfícies de fratura com o uso de solventes orgânicos. Entretanto, nas superfícies de fratura muito rugosas, pode ser difícil conseguir uma cobertura completa e remover totalmente esse revestimento (2).

Outro tipo de revestimento plástico que tem sido usado com sucesso para proteger a maioria das superfícies de fratura é a fita de acetato de celulose, com finalidade de formar réplicas. A fita é amaciada com acetona e pressionada com o dedo contra a superfície de fratura. Conforme a fita seca, adere firmemente a essa superfície. A principal vantagem do uso da fita replicante é que ela costuma estar disponível em várias espessuras, de modo que superfícies de fratura muito rugosas podem ser revestidas com fitas relativamente espessas, garantindo uma cobertura completa. A principal limitação acarretada pelo uso de fita replicante é que, nessas superfícies de fratura mais rugosas, é mais difícil remover completamente a fita.

Compostos à base de petróleo já foram usados para proteger superfícies de fratura e podem ser facilmente removidos com solventes orgânicos. Um dos que apresentaram melhores resultados, mesmo quando a amostra revestida foi submetida a uma temperatura da ordem de 38°C, com umidade ambiente superior a 90% por 14 dias, foi um composto denominado Tectyl 506, removido facilmente da superfície pela sua imersão em um solvente orgânico comum submetido a ultrassom. Esse inibidor de corrosão já havia sido usado de forma bem-sucedida em veículos automotores (2).

8.1.4 TÉCNICAS PARA LIMPEZA DE SUPERFÍCIES DE FRATURA

Superfícies de fratura de materiais metálicos submetidas a vários tipos de ambientes geralmente apresentam fragmentos (*debris*) superficiais, produtos resultantes de corrosão ou oxidação e artefatos ou contaminantes acumulados, que devem ser removidos antes da obtenção das imagens fractográficas nos microscópios. Antes de iniciar qualquer procedimento de limpeza, a superfície de fratura deve ser observada cuidadosamente com uma lupa ou um microscópio estereoscópico binocular, mesmo com baixa capacidade de ampliação, e os resultados devem ser registrados de forma apropriada, com desenhos esquemáticos ou fotografias, de modo a averiguar as condições de limpeza nessa superfície, bem como monitorar a efetividade da etapa de limpeza posterior. É importante ressaltar que os fragmentos e depósitos observados na superfície de fratura podem conter informações vitais para o entendimento de sua causa. Exemplos disso são as fraturas iniciadas por fenômenos como corrosão sob tensão, fragilização por metal líquido e corrosão-fadiga. Frequentemente, mesmo quando o conhecimento sobre a natureza dos fragmentos e depósitos encontrados na superfície de fratura não é essencial na condução da análise de falhas, será útil para determinar o procedimento de limpeza ideal para aquele caso específico de contaminação da superfície de fratura de um material metálico (2).

As técnicas mais comuns para limpeza de superfícies de fratura, em ordem crescente de agressividade, são (2):

- sopro de ar quente ou escovamento com fibras orgânicas macias;
- réplica extraída da superfície, de forma a remover contaminantes;
- limpeza com solvente orgânico;
- limpeza com detergentes à base de água;
- limpeza catódica;
- limpeza com reagente químico atacando a superfície.

O método mais suave, ou menos agressivo, que é o primeiro dessa lista, deve ser o primeiro a ser tentado. Somente se ele não for bem-sucedido, ou for parcialmente, deverão ser utilizados os outros métodos. De qualquer modo, os resultados obtidos com cada um deles devem ser averiguados com um microscópio estereoscópico. Assim, se os resíduos permanecerem após o procedimento de limpeza, os mais agressivos deverão ser realizados, observando-se a ordem de agressividade crescente, que corresponde à ordem da lista.

8.1.5 SOPRO DE AR QUENTE OU ESCOVAMENTO COM FIBRAS ORGÂNICAS MACIAS

Fragmentos e partículas fracamente aderidos podem ser removidos da superfície de fratura tanto com um sopro de ar quente, que também remove a umidade, como com um escovamento realizado com escovas de fibras orgânicas macias. Escovas com fibras/cerdas duras não devem ser usadas, pois podem danificar a superfície de fratura ao remover detalhes finos que fazem parte das características dessa superfície (2).

8.1.6 LIMPEZA COM RÉPLICA EXTRAÍDA DA SUPERFÍCIE PARA REMOVER CONTAMINANTES

Essa técnica de limpeza apresenta algumas semelhanças com a de preservação das superfícies de fratura descrita anteriormente. Entretanto, em vez de a réplica ser deixada como camada protetora, no caso da limpeza, ela é retirada da superfície, removendo, assim, fragmentos e depósitos que haviam se formado sobre ela. Réplicas sucessivas são aplicadas sobre a superfície, até que esta fique completamente limpa. Dessa forma, as primeiras réplicas aplicadas e extraídas contêm a maior parte dos contaminantes, enquanto as últimas acabam ficando menos contaminadas. O uso da técnica de limpeza com réplicas proporciona uma clara vantagem: caso seja necessário, elas podem ser analisadas quanto à sua composição química, se esta informação for considerada relevante para a análise que está sendo realizada.

Por outro lado, essa mesma técnica de limpeza tem uma desvantagem: em superfícies rugosas, pode ser muito difícil a remoção completa da réplica. No entanto, a realização de limpeza ultrassônica em acetona após a remoção da réplica possibilita a retirada dos resíduos desta, sendo, assim, um procedimento obrigatório após a limpeza da superfície de fratura pela aplicação e remoção de réplicas (2).

8.1.7 SOLVENTES ORGÂNICOS

Entre os solventes orgânicos, destacam-se o xileno, a nafta, o tolueno, o *freon TF*, as cetonas e os diferentes tipos de álcool, que são utilizados basicamente para remover graxa, óleos, revestimentos protetores de superfícies e fluidos para detecção de trincas, que são habitualmente encontrados nas superfícies de fratura. É importante evitar o uso de solventes orgânicos clorados, como tricloroetileno e tetracloreto de carbono, porque, em sua maioria, são cancerígenos. A amostra que será submetida à limpeza deve ser encharcada no solvente orgânico por um longo período de tempo, imersa em um banho, no qual jatos bombeados introduzirão solvente fresco na superfície de fratura; ou colocada em um béquer contendo solvente e submetida à limpeza por ultrassom por alguns minutos.

Entre os métodos de limpeza mencionados, provavelmente o ultrassônico é o mais popular, e a agitação ultrassônica permite remover quaisquer partículas aderidas levemente à superfície de fratura. Todavia, se algumas dessas partículas forem inclusões não metálicas importantes no contexto da análise e interpretação dos mecanismos de fratura, a localização dessas inclusões, em relação à superfície de fratura, assim como sua composição química, devem ser investigadas antes da limpeza por ultrassom (2).

8.1.8 LIMPEZA COM DETERGENTES À BASE DE ÁGUA

O método de limpeza com detergentes à base de água, conjugado com a agitação ultrassônica, é efetivo na remoção de fragmentos e depósitos da superfície de fratura, e, se concentrações de soluções adequadas forem utilizadas por períodos de tempo apropriados, não danificam essa superfície. Os detergentes podem ser usados em um limpador ultrassônico, em temperatura de até 95°C. A amostra fraturada é, então, imersa nessa solução aquecida por aproximadamente 30 minutos mergulhada primeira em água e, depois, em álcool etílico, e então submetido à secagem com sopro de ar quente. Esse procedimento permite remover os produtos de corrosão existentes sobre a superfície de fratura, mas sem danificá-la. Entretanto, ultrapassando-se esse período de 30 minutos de imersão, esgota-se a capacidade de a solução remover os produtos de corrosão, não havendo benefício adicional algum (2).

8.1.9 LIMPEZA CATÓDICA

O método de limpeza catódica é um processo eletrolítico no qual a amostra fraturada a ser limpa assume a função de catodo, e bolhas de hidrogênio, geradas na amostra, causam primordialmente uma ação mecânica de remoção de fragmentos e depósitos até então presentes na superfície de fratura. Durante a limpeza catódica, é uma prática comum submeter o eletrólito à vibração ultrassônica ou girar a amostra, que age como catodo, com o uso de um pequeno motor. Os eletrólitos mais comumente usados para limpar superfícies de fratura em materiais metálicos ferrosos são o cianeto de sódio, o carbonato de sódio e as soluções de hidróxido de sódio e de ácido sulfúrico inibido. Devido ao fato de que a limpeza catódica ocorre primordialmente por causa da ação mecânica de remoção dos depósitos por meio da liberação de hidrogênio, a superfície de fratura não deve ser quimicamente danificada após a eliminação deles.

Como exemplo de procedimento de limpeza catódica, pode ser citada a remoção de indícios de corrosão na superfície de fratura dos aços AISI–SAE 1085 e EX16 carburados que foram submetidos a exposição a um ambiente com 10% de umidade, a 65°C, por 3 dias. Um eletrólito de cianeto de sódio, disponível comercialmente, foi agitado ultrassonicamente e usado com um anodo de platina para a limpeza. Um ciclo de 1 minuto de limpeza catódica foi aplicado à superfície de fratura corroída, e a limpeza foi efetiva, sem alterar a morfologia da fratura. Entretanto, para ampliações maiores, alguns pequenos danos, como o ataque químico a microcavidades ou *dimples* de uma fratura dúctil, por exemplo, podem ser observados de forma mais evidente do que para ampliações menores (2).

8.1.10 ATAQUE QUÍMICO

Caso as técnicas anteriores não se mostrem suficientemente eficientes, o ataque químico, que envolve o tratamento da superfície com ácidos suaves ou soluções alcalinas, deve ser realizado. Essa técnica só deve ser utilizada em último caso, pois envolve a possibilidade de dano químico à superfície de fratura da amostra. No caso da limpeza da superfície por ataque químico, a amostra é colocada em um béquer contendo a solução de limpeza e, então, submetida à vibração ultrassônica. Em alguns casos, pode ser necessário aquecer essa solução. Ácido acético, ácido fosfórico, hidróxido de sódio, citrato de amônia, soluções de oxalato de amônia e soluções comerciais são opções para limpar superfícies de fratura de amostras ferrosas. Ligas de titânio são mais facilmente limpas com ácido nítrico. Camadas de óxidos podem ser removidas das amostras de ligas de alumínio por meio da limpeza com uma solução aquecida contendo 70 ml de ácido ortofósforico (85%), 32 g de ácido crômico e 130 ml de água. Também se recomenda que superfícies de fratura de ligas de alumínio sejam submetidas à limpeza com solventes orgânicos (2).

São especialmente efetivos na limpeza química de superfícies de fratura de amostras metálicas os ácidos combinados com inibidores de corrosão orgânicos. Essas soluções ácidas inibidas limitam o ataque químico aos contaminantes da superfície de fratura, protegendo o metal base. Para amostras ferrosas, sua imersão por alguns minutos em uma solução de ácido clorídrico 6 N, contendo 2 g/l de hexametilenotetramina (urotropina) é recomendada. Superfícies de fraturas ferrosas e não ferrosas foram, e são, submetidas à limpeza com a seguinte solução ácida inibida: 3 ml de ácido clorídrico, 4 ml de 2-buteno-1,4-idiol (solução aquosa 355) e 50 ml de água deionizada. A eficiência da limpeza com essa solução foi comprovada para amostras fraturadas de aços baixo carbono e de ligas de níquel do tipo monel (níquel-cobre), sem haver danos às superfícies de fratura, sendo utilizada por períodos apropriados.

Outro reagente utilizado para a limpeza química de superfícies de fratura de amostras metálicas é a chamada solução de Clark, composta de 1 l de ácido clorídrico, 20 g de trióxido de antimônio e 50 g de cloreto estanoso. Novamente a limpeza deve ser muito rápida, com período de tempo bastante curto, de alguns segundos, observando-se o aspecto visual da superfície de fratura da amostra metálica (2).

8.2 CORTE (SECCIONAMENTO) DE UMA AMOSTRA FRATURADA

Frequentemente, é necessário remover parte de uma amostra contendo uma fratura por vários motivos: desde a necessidade de separar diferentes amostras para diferentes tipos de análise, como microscopia óptica, MEV e dureza, por exemplo, ou reduzir o tamanho da amostra fraturada, para que essa caiba no espaço restrito da câmara de amostras do MEV; até a necessidade de retirar aquela região onde ocorreu a falha, para que seja substituída por uma nova peça, como parte de um conserto ou serviço de manutenção em um equipamento ou estrutura, por exemplo. Esquemas, como desenhos e mesmo fotografias com anotações, ajudam a mostrar a localização dos cortes realizados para o seccionamento das amostras.

Todos os tipos de corte realizados na amostra devem evitar que a superfície de fratura seja alterada ou danificada sob qualquer ponto de vista. Isso inclui manter a superfície de fratura seca sempre que possível. Para peças com grandes dimensões, o método de corte mais comum é o corte por chama. Ele deve ser realizado a uma distância suficiente para que não ocorra nenhum tipo de alteração microestrutural ou no aspecto da superfície de fratura próxima, e de modo que não aconteça deposição de metal líquido resultante do corte sobre a superfície de fratura (2).

O corte com uso de serra ou serrote e o corte com disco abrasivo podem ser utilizados para uma ampla gama de variação de tamanhos de amostras e suas seções. O corte a seco é preferível, porque fluidos de refrigeração podem causar corrosão na superfície de fratura ou carrear/arrastar corpos/objetos estranhos para esta. Entretanto, caso o corte possa promover demasiada elevação da temperatura, torna-se necessário o uso de fluidos de refrigeração para evitar danos causados pelo aquecimento acarretado pelo excessivo atrito da ferramenta de corte ao incidir sobre a amostra. Nesse caso, imediatamente após o corte, ela deve ser submetida a operações de limpeza e secagem.

Alguns dos procedimentos de aplicação de revestimentos mencionados anteriormente podem ser úteis durante as operações de corte/seccionamento. Por exemplo, uma superfície de fratura pode ser protegida durante essa operação por chama pela colocação de uma manta térmica. Outro exemplo: essa superfície de fratura, quando a amostra é serrada, pode ser protegida pela aspersão de um líquido protetor sob a forma de spray, que enverniza a amostra e evita a corrosão (2).

8.3 ABERTURA DE TRINCAS SECUNDÁRIAS

Quando a fratura primária foi danificada ou corroída até um grau que obscureceu qualquer tipo de informação importante, é desejável abrir trincas secundárias para expor a superfície de fratura destas à visualização/análise. Essas trincas podem fornecer mais informações do que as primárias. Se elas permaneceram por muito tempo razoavelmente fechadas ou pouco expostas a condições corrosivas e se existiram por menos tempo que a fratura primária, provavelmente foram menos corroídas. Além disso, trincas primárias, que não foram propagadas até uma fratura total (separação completa das duas superfícies de fratura), também podem ser abertas (separadas as duas superfícies de fratura) "artificialmente" com o uso de ferramentas e depois analisadas (2).

Ao abrir esse tipo de trincas, é necessário tomar muito cuidado para evitar danos, principalmente mecânicos, à superfície de fratura da amostra metálica. Isso pode ser conseguido se a abertura da trinca for realizada de modo que as duas faces da fratura sejam movidas em direções opostas, normais ao plano desta. O corte com serra ou serrote pode ser efetuado da parte de trás da fratura até um ponto próximo à ponta da trinca, tomando grande cuidado para não atingi-la. Esse corte com serra é capaz de reduzir a quantidade de metal que deve ser fraturado. A fratura final da amostra pode ser realizada dos seguintes modos (2):

- prendendo os dois lados da parte fraturada em uma máquina de ensaios de tração, se o formato permitir, e então acionando a máquina de tração para assim separar as superfícies de fratura;
- colocando a amostra em um torno manual e dobrando uma parte em relação à outra por meio do uso de um martelo, que bate nessa parte, porém, com cuidado para evitar danos mecânicos à superfície de fratura;
- prendendo as metades da fratura em alicates ou prendedores de tornos manuais e, assim, dobrando-os ou tracionando-os, até abrir a fratura.

É desejável que se saiba distinguir entre a superfície de fratura resultante de uma trinca primária e a superfície de fratura obtida pela abertura de uma trinca secundária. Isso pode ser alcançado quando se assegura que um mecanismo de fratura diferente está ativo realizando-se a abertura artificial de uma trinca secundária. Por exemplo, a abertura pode ser realizada em temperatura muito baixa. Durante a ocorrência de fratura em baixa temperatura, é necessário se precaver para evitar a condensação de água, pois isso poderia causar corrosão na superfície de fratura.

Os comprimentos e as aberturas das trincas devem ser medidos antes do procedimento de abertura da trinca. A quantidade de deformação que ocorreu em uma amostra frequentemente pode ser determinada pela medida da separação entre as metades de uma fratura. Isso deve ser realizado antes do início da preparação para a abertura da trinca. Os comprimentos das trincas também podem ser importantes para a análise de fraturas por fadiga ou para considerações sobre os mecanismos de fratura (2).

8.4 O EFEITO DOS ENSAIOS NÃO DESTRUTIVOS (END)

Muitos dos chamados ensaios não destrutivos não podem ser, de fato, totalmente assim considerados. Os líquidos penetrantes, usados para detecção de trincas superficiais, por exemplo, podem causar corrosão em alguns materiais metálicos, além de poderem deixar depósitos estranhos nas superfícies de fratura. Desse modo, a ocorrência de corrosão e a formação de depósitos podem levar a interpretações erradas sobre a natureza da fratura. A superfície de uma parte que contém, ou supostamente contém, uma trinca é frequentemente submetida a operações de limpeza, que, algumas vezes podem ser realizadas com soluções que tenham algum grau de acidez, capazes de penetrar nessas trincas estreitas, corroendo e, assim, modificando o aspecto da fratura. Por exemplo, a detecção de cloro na superfície de fratura de um aço pode levar à interpretação equivocada de que uma fratura ocorreu pelo mecanismo de trincamento e corrosão sob tensão, quando, na verdade tratou-se somente de um resíduo de ácido clorídrico utilizado na limpeza daquela amostra fraturada (1).

Até mesmo o ensaio com partículas magnéticas, que também é utilizado para detecção de trincas superficiais – e, neste caso, também subsuperficiais – em materiais metálicos ferrosos, pode afetar a superfície de fratura durante a análise. Por exemplo, o arco magnético, formado por meio de trincas estreitas, pode afetar a superfície de fratura. As amostras magnetizadas, devido ao ensaio, ao serem analisadas no MEV, necessitarão de procedimentos de desmagnetização quando a análise nesse tipo de microscópio demandar ampliações não muito superiores a pelo menos 500 vezes (1).

CAPÍTULO 9
CATEGORIAS DE FALHAS E SUAS DEFINIÇÕES

Cada uma das categorias de falha apresentadas na seção 1.1 deste livro pode apresentar uma variedade de mecanismos diferentes. Assim, a fratura pode ser dúctil ou frágil, transgranular ou intergranular; a corrosão pode ser localizada ou generalizada; o desgaste pode ser abrasivo ou adesivo etc. (1).

9.1 DISTORÇÃO

Uma falha por distorção acontece quando mudanças geométricas impedem que um componente funcione adequadamente. A mudança de geometria do componente pode estar associada a uma mudança volumétrica (dilatação ou contração) ou de forma (empenamento, dobramento e outros tipos) (1).

As causas mais comuns de falhas por distorção volumétrica incluem as transformações de fases induzidas pela temperatura ou pela expansão/contração térmica em metais e suas ligas.

Tratamentos térmicos inadequados podem provocar mudanças de forma que afetam a aplicação do material, como é o caso do empenamento dos aços temperados em condições inapropriadas.

As causas mais comuns de falhas por distorção, de um modo geral, estão associadas (1) a um projeto inadequado, tensões residuais decorrentes de processos de fabricação (soldagem e outros) e aquecimento/resfriamento bruscos decorrentes de condições de serviço, processos de fabricação ou tratamentos térmicos inadequados.

9.2 CORROSÃO

A corrosão pode ser definida como a degradação do material causada pela presença de agentes agressivos no ambiente no qual o material está sendo utilizado. Na maioria dos metais, dá-se como um fenômeno eletroquímico na superfície exposta a um ambiente aquoso e corrosivo. Existem também outras formas de corrosão que não envolvem mecanismos eletroquímicos, como a fragilização por metal líquido, a corrosão em sais fundidos, a oxidação em alta temperatura etc.

Os resultados do ataque corrosivo podem assumir diferentes aspectos: corrosão generalizada (uniforme), corrosão localizada (pites e frestas), trincamento, fragilização e outros. A perda de material associada à corrosão, reduzindo a seção resistente deste, pode eventualmente levar à falha por sobrecarga (fratura dúctil) ou à penetração através de toda a parede do componente metálico.

O acúmulo de óxidos com volume significativamente maior do que o material metálico pode acarretar tensões que levam à sua falha. A minimização dos efeitos dos ataques corrosivos envolve a substituição de um material por outro, a blindagem contra a ação corrosiva do ambiente, a utilização de barreiras físicas contra a ação de agentes corrosivos (como revestimentos e pinturas e o uso de proteção catódica (1).

As figuras mostradas a seguir (Figuras 24, 25 e 26) apresentam aspectos de falhas causadas por diferentes tipos de corrosão: corrosão associada à formação de carbetos de cromo nos contornos de grãos (sensitização: Figura 24), corrosão sob tensão (Figura 25) e corrosão-cavitação (Figura 26).

Na Figura 24, é possível observar a existência de intensa rede de carbetos nos contornos de grão observados na micrografia após ataque metalográfico específico para verificação de sanitização.

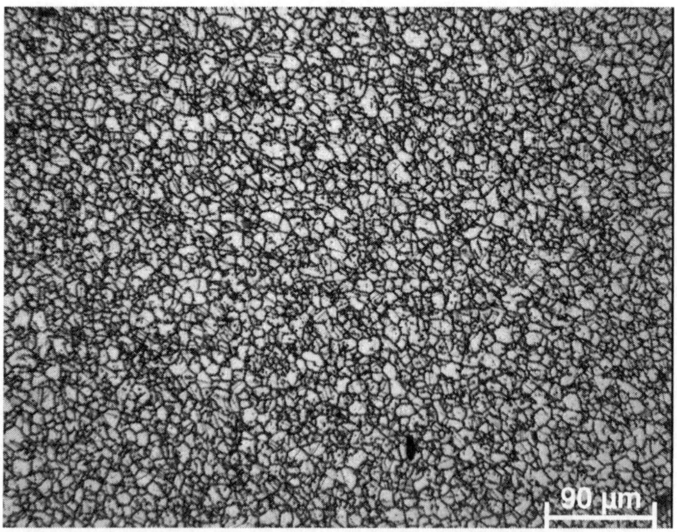

Figura 24 – aspecto micrográfico de uma falha associada à corrosão do tipo sensitização. Seção transversal da região central da amostra. Ataque metalográfico: 10 g ácido oxálico e 100 ml de água. Aumento: 200X.

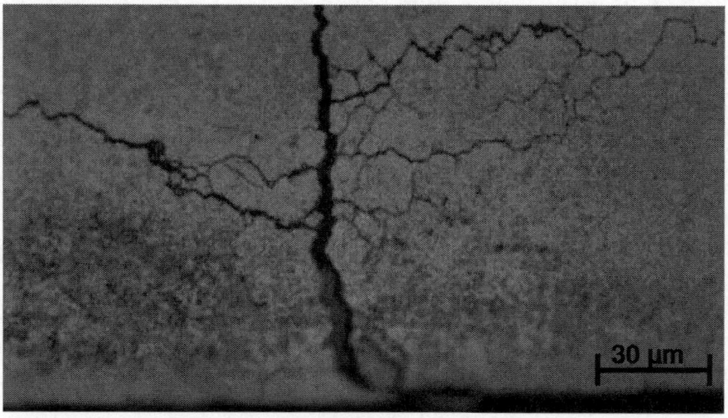

Figura 25 – aspecto de falha associada a corrosão sob tensão: trincas intergranulares próximas à borda da amostra na seção transversal.

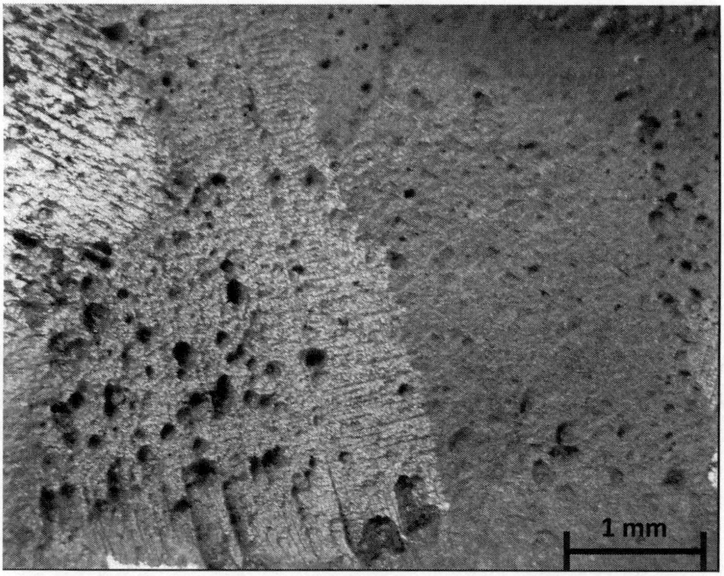

Figura 26 – aspecto de falha associada à corrosão-cavitação; cavidades e ranhuras.

9.3 DESGASTE

As falhas por desgaste resultam da remoção ou do deslocamento da superfície de um material por meio de contato físico e movimento relativo com outro sólido, líquido ou gás (1).

Há uma grande influência do atrito e da lubrificação na taxa e na severidade do dano por desgaste, que, geralmente, resulta em perda de material e de capacidade de resistência às cargas aplicadas, em adesão, aumento de atrito e geração de fragmentos (*debris*) (1).

A definição de desgaste como falha depende dos critérios de aceitação para esse tipo de defeito, geralmente definidos em normas ou em especificações técnicas relativas à utilização do componente. Esses documentos, em geral, levam em consideração os efeitos que os resultados do desgaste, exemplificados anteriormente, podem ter na aplicação do material que sofreu esse tipo de dano (1).

9.4 FERRAMENTAS COMPLEMENTARES PARA A ANÁLISE DE FALHAS

9.4.1 ENSAIOS MECÂNICOS

Dureza (mais comum: permite extração mais fácil de amostras e resultados mais rápidos), tração, torção, impacto/Charpy, fadiga e outros (1).

9.4.2 MÉTODO DOS ELEMENTOS FINITOS

Permite melhor e mais fácil visualização da análise de tensões atuantes. Pode ser complementado com outros métodos computacionais (1).

9.5 ESTUDOS DE CASO DA ANÁLISE DE FALHAS

Os estudos de caso de análises de falhas podem ser conduzidos mediante consulta a vários livros (3, 10 e 11) e artigos (12–29) publicados nas últimas décadas. Esses casos abordam falhas que ocorreram em diferentes produtos, dispositivos, peças, componentes e estruturas, submetidos a distintos tipos de aplicações, como implantes cirúrgicos ortopédicos e odontológicos, autopeças, componentes de válvulas utilizadas na indústria petroquímica, dispositivos utilizados na exploração e produção de petróleo e gás, tubos de caldeiras e diversos outros componentes, peças, produtos e estruturas fabricados por vários tipos de estabelecimentos industriais e destinados aos mais diferentes tipos de aplicações.

Além dos conceitos básicos da análise de falhas, os estudos de caso, normalmente relatados em artigos, relatórios e apresentações em eventos, contribuem muito para melhor entendimento e compreensão de situações de ocorrência de falhas na vida prática, em diversas circunstâncias e ambientes. Como o propósito deste texto é a introdução dos conceitos básicos apenas, há a necessidade da busca, em outros textos, de informações mais completas sobre os estudos de caso de análises de falhas. Algumas publicações reúnem tanto os fundamentos conceituais quanto o relato de casos práticos (30).

CAPÍTULO 10
CONCEITOS BÁSICOS DA ANÁLISE E PREVENÇÃO DE FALHAS

10.1 INTRODUÇÃO

A análise de falhas é uma metodologia essencial para determinar a causa raiz de problemas que levam à obsolescência, à *inoperabilidade* funcional e, eventualmente, ao descarte ou sucateamento de um componente, dispositivo, equipamento, ou mesmo de uma estrutura metálica (1).

Um dos fatores primordiais para executar uma análise de falhas bem-sucedida é manter a mente aberta para várias possibilidades durante esse processo, de modo a chegar a um resultado consistente, claro e sem nenhum viés que possa invalidá-lo.

Outro fator importante nesse contexto é a colaboração interdisciplinar, principalmente no momento de angariar informações sobre o histórico, o ambiente e as condições gerais em que funcionava o dispositivo ou equipamento que falhou. Muitas vezes, esses materiais funcionavam em condições que somente o usuário conhecia, além de aspectos mais ou menos evidentes, como tensões atuantes, projeto/design da peça, processo de fabricação e tratamentos de todos os tipos, que, de algum modo, podiam afetar seu desempenho em serviço e, eventualmente, provocar a falha (1).

No contexto da análise de falhas, um dos conceitos essenciais é o de análise da causa raiz. Nessa ocasião, é necessário definir o que é causa raiz, e diferenciá-la, na análise fractográfica de falhas, do mecanismo de fratura. Iniciando pela definição de mecanismo de fratura, este consiste, basicamente, no modo ou tipo de fratura que pode ocorrer de diversas maneiras: fratura dúctil, fratura frágil transgranular por clivagem, fratura frágil intergranular, fratura por fadiga e outros diversos tipos e subtipos. Conhecer o mecanismo de fratura é fundamental para desenvolver uma análise fractográfica de falhas, pois somente sabendo COMO uma fratura ocorreu (geralmente por meio da análise das características morfológicas de uma superfície de fratura no MEV e, eventualmente, com o auxílio de outras técnicas de análise) será possível, reunindo outras informações, como o histórico de funcionamento do dispositivo, e informações sobre as condições ambientais do local onde funcionava, entre outras informações, chegar ao PORQUÊ de sua ocorrência, ou seja, à causa raiz da falha/fratura, que pode estar relacionada a diversos fatores, desde o fator humano (erros de instalação, montagem ou de operação de um determinado dispositivo ou equipamento) até outros concernentes a defeitos intrínsecos do material (composição química ou microestrutura inadequada; defeitos gerados por processos de fabricação ou tratamentos/processamentos), ou mesmo por fatores ambientais (como a contaminação por agentes corrosivos, que podem causar ou contribuir para a falha/fratura do material).

Uma vez conhecidos todos os mecanismos e a causa raiz de uma falha, ações preventivas podem ser iniciadas para tentar evitar a repetição do mesmo tipo de falha/fratura em equipamentos ou dispositivos similares ou que operam em condições muito semelhantes. Dessa forma, atuando na minimização dos riscos causados por esses diversos fatores, de modo racional e fundamentado, é possível melhorar o desempenho de dispositivos e equipamentos em diferentes aspectos, como qualidade, produtividade e confiabilidade, proporcionando satisfação e maior segurança aos diversos usuários daqueles dispositivos e equipamentos (1).

Ao longo de vários anos, a metodologia da análise fractográfica de falhas evoluiu e amadureceu muito, à medida que foi sendo utilizada e formalizada como método útil para a prevenção de falhas. Em consonância com a tendência mais recente de responsabilização e prestação de contas, sua finalidade básica cresceu para englobar a determinação, inclusive judicial, de quem seria o responsável por perdas, inclusive de produção, danos à propriedade pública e privada, ferimentos em pessoas ou até mesmo mortes. Assim, a análise de falhas tornou-se uma disciplina usada efetivamente como ferramenta de ensino para engenheiros novos ou menos experientes.

A importância e o valor da análise de falhas para a segurança, com vistas a avaliar segurança, confiabilidade, desempenho e economia durante a utilização de diversos componentes, dispositivos e equipamentos, já vem sendo bastante documentada ao longo de várias décadas. Por exemplo, desde os primórdios da aviação, no início do século XX, a análise de falhas tem sido utilizada para aprimorar a confiabilidade e a segurança das aeronaves. Mas isso só é possível quando os resultados dessas análises são devidamente registrados, e tudo o que foi documentado e identificado é utilizado para orientar ações corretivas e preventivas, com o propósito de eliminar os fatores de risco já conhecidos e que, se não fossem suprimidos, fatalmente levariam à repetição ou ocorrência de falhas muito semelhantes. Um caso histórico típico, como visto anteriormente, é o dos navios *Liberty*, fabricados nos Estados Unidos durante a Segunda Guerra Mundial, cujos casos de fratura catastrófica foram exaustivamente analisados, levando a um completo entendimento dos mecanismos e causas daquelas falhas, praticamente proporcionando a eliminação do risco da repetição e introduzindo o desenvolvimento da disciplina de Mecânica da Fratura nos cursos de Engenharia (1).

10.2 QUALIDADE E EXPECTATIVAS DOS USUÁRIOS: PRODUTOS E SISTEMA

Principalmente a partir dos anos 1980, desenvolveu-se ainda mais e ganhou destaque o conceito de qualidade total em produtos e serviços, direcionada para a satisfação de clientes, não só em empresas industriais e comerciais, como também em agências governamentais e diversos tipos de instituições/organizações. Entre esses novos sistemas gerenciais, podem ser mencionados: Controle da Qualidade Total (*Total Quality Control*– TQC), Melhoria Contínua de Processos (*Process Continuous Improvement*) e Seis Sigma (*Six Sigma*). Enquanto os dois primeiros sistemas estão focados na melhoria da qualidade e da produtividade de processos e produtos em um ambiente industrial, principalmente, o último adota grande parte desses conceitos, mas os adapta para processos de um modo geral – industriais, comerciais, administrativos e financeiros e outros (1).

De um modo geral, esses sistemas objetivam atingir as seguintes metas (1):

- maior segurança;
- confiabilidade melhorada;
- desempenho superior;
- eficiência aumentada;
- menor custo no ciclo de vida;
- impacto ambiental reduzido.

Algumas dessas qualidades podem ser mutuamente exclusivas; porém, as demandas dos clientes e os novos sistemas de gestão mencionados proporcionaram meios de se medir e quantificar esses atributos, criando, assim, um novo paradigma para a gestão desses negócios. Com as mudanças na cultura de negócios, ocorridas com a implementação de um ou mais desses sistemas de gestão, nos últimos anos, os usuários de tais produtos e serviços experimentaram uma melhoria geral e simultânea em todos esses aspectos. Isso significa redução na incidência de falhas de produtos e maior probabilidade de prevenção de falhas. É importante reconhecer que, mesmo com todos os ganhos proporcionados por esses sistemas de gestão, o pleno potencial para maximizar esses atributos ainda precisa ser alcançado.

Embora todos os sistemas citados tenham suas próprias peculiaridades, eles apresentam aspectos em comum: todos são focados em clientes e na resolução de problemas para alcançar melhorias na qualidade e na produtividade de processos e produtos industriais, assim como na prestação de serviços em geral (1).

Quando concentram o foco em clientes, organizações produtoras identificam que a forma, o ajuste, a função e os requisitos de vida útil em serviço de um produto ou sistema são realmente definidos por esses clientes. Assim, procuram atender a esses requisitos no projeto/design, no desenvolvimento e na produção desses bens e serviços – estas são propriedades/características/qualidades realmente relevantes para aqueles produtos/serviços. As características físicas dos componentes incluem o tamanho e a forma do produto, assim como os materiais de construção e as características resultantes dos processos de fabricação. O modo de montagem dos componentes individuais e a integração com o produto como um todo descreve o ajuste dos componentes. A função de um produto ou sistema é a sua capacidade de atender aos requisitos para os quais foi projetado/dimensionado. A vida útil em serviço é o tempo de duração do produto ou sistema, desempenhando a sua função. Todas essas características definem os produtos do ponto de vista dos clientes, segundo os quais as características mais importantes estão relacionadas à qualidade do desempenho e à durabilidade de um produto ou sistema em serviço (1).

10.3 RESOLUÇÃO DE PROBLEMAS, QUALIDADE E SATISFAÇÃO DO CLIENTE

Atingir os níveis de qualidade que satisfazem ou excedem as expectativas dos clientes é de fundamental importância em um sistema de gerenciamento focado no atendimento das necessidades do cliente. Como sua perspectiva, em termos de qualidade de um produto, está fortemente ligada ao funcionamento adequado e à durabilidade deste, evidencia-se que a falha em atender às expectativas de funcionamento e de durabilidade acarreta problemas ao cliente e, por consequência, ao fabricante, com certeza. Uma técnica já consagrada para a melhoria da qualidade é a resolução de problemas. Os diversos tipos de problema, que podem ocorrer com um produto, variam bastante: vão desde os relacionados à manutenção e à baixa confiabilidade deste até os concernentes a conflitos no sistema de negócios da empresa, inconsistências na condução de suas políticas internas e problemas de condições inadequadas de trabalho no "chão de fábrica". Quando um problema ocorrer, a empresa responsável deverá procurar determinar suas causas e, assim, com base nesse conhecimento, tomar medidas para resolvê-lo. Entretanto, devido a vários fatores, relacionados com pressões culturais ou do ambiente de negócios, algumas empresas caem nas seguintes situações, quando os problemas surgem (1):

- não fazem algo e talvez esperem que o problema desapareça por si só;
- negam a existência do problema ou minimizam sua importância, questionando os motivos apresentados pelos que o identificaram (geralmente, os clientes);
- adotam apenas medidas paliativas aleatórias, a esmo, que não solucionam o problema efetivamente;
- seguem "pistas falsas" nas investigações para descobrirem as causas do problema, desviando-se destas.

Em uma cultura organizacional esclarecida, produtos ou sistemas precisam de uma abordagem sistemática de solução de problemas baseada em análise racional, para alcançar bons níveis de qualidade e satisfação do cliente, de acordo com os sistemas de gerenciamento mencionados. O aspecto cultural é crítico, sendo necessário encorajar aqueles que identificaram problemas, para que avancem nas tentativas de resolução. Adicionalmente, são necessários recursos adequados e comprometimento para formular soluções e realizar as mudanças necessárias (1).

10.4 MODELO DE RESOLUÇÃO DE PROBLEMAS

Existem vários métodos e modelos de resolução de problemas, apresentando muitos detalhes de abordagens e processos para resolver diversos tipos de problemas gerais, definidos anteriormente. Todos eles são baseados no método científico, de acordo com as seguintes etapas (1):

1. definir o tema/problema a ser estudado/analisado;
2. propor uma hipótese para explicá-lo;
3. reunir o maior número de dados possíveis sobre ele;
4. testar a hipótese formulada;
5. desenvolver a análise dos dados e da hipótese, até chegar às conclusões.

Um modelo conciso de resolução de problemas é apresentado a seguir. Esse é um método contínuo, isto é, que considera a possibilidade de reiniciação com a identificação ou com a evidenciação de novos problemas, a partir da atividade de resolução do problema inicial, baseando-se nos princípios do método científico resumido anteriormente (1).

As principais etapas do modelo de resolução de problemas (1):

1. identificação: etapa inicial, na qual a situação é descrita. Define a deficiência com base nos sintomas ou indicadores de desempenho. Determina o impacto da deficiência no componente, no produto, no sistema e para o cliente. Estabelece um objetivo. Realiza a coleta de dados para proporcionar a medição da deficiência observada;
2. determinação da causa raiz: etapa na qual o problema é analisado para se identificarem causas;
3. desenvolvimento de ações corretivas: etapa na qual são listadas possíveis soluções para mitigar e prevenir a repetição do problema. Muitas vezes ocorre por meio de um *brainstorming*, que consiste na reunião de pessoas envolvidas na fabricação e utilização do produto ou sistema, com o objetivo de elencar essas possíveis soluções, gerar alternativas e desenvolver um plano de ação;
4. validação e verificação das ações corretivas: etapa que envolve os testes das ações corretivas em escala piloto e as medições da efetividade das mudanças efetuadas ou ações corretivas propostas. Assim, quando os resultados se mostram satisfatórios, nesta etapa promove-se a validação das melhorias, verificando-se que o problema foi corrigido, melhorando a satisfação do cliente;

5. padronização: etapa final, na qual a ação corretiva satisfatória e validada é incorporada aos documentos/procedimentos operacionais do sistema da qualidade de uma companhia, organização ou indústria, para prevenir a repetição do mesmo problema em produtos ou sistemas semelhantes. Finalmente, monitora-se as mudanças para garantir a eficiência.

A segunda etapa do modelo de resolução de problemas, mencionada anteriormente, ao determinar a causa raiz, introduz um processo muito significativo, pois as soluções concebidas para evitar a repetição dos problemas não podem ser desenvolvidas sem a identificação da causa raiz (1).

10.5 DEFINIÇÃO DE FALHA

De um modo geral, falha é definida como uma condição ou evento indesejado, que, no caso da aplicação de um produto, frustra as expectativas de um cliente com relação ao seu desempenho/funcionalidade/utilização, podendo até mesmo acarretar efeitos negativos em outros aspectos, como os que estão relacionados à segurança, à saúde e ao meio ambiente. De um modo geral, para uma abordagem concernente à análise de falhas e à prevenção, falha pode ser definida como qualquer condição/situação que prejudica ou impede o desempenho de um componente ou produto na execução da função para a qual este foi projetado/dimensionado. É fácil perceber que o conceito de adequado funcionamento/execução da função de um componente ou produto pode variar muito. Por exemplo, em aplicações arquitetônicas, a descoloração de qualquer componente arquitetônico pode ser considerada como uma falha, do ponto de vista estético. Em vários casos, principalmente em aplicações industriais, muitas delas de alta responsabilidade, os requisitos para o funcionamento/desempenho de componentes e produtos são estabelecidos por normas específicas, emitidas por entidades renomadas, como ISO, ASTM, DIN, AFNOR, JIS, BS, ABNT, entre outras no mundo inteiro, que definem, em detalhes, as faixas de variação de valores, para requisitos de características e propriedades, físicas, químicas etc., de diversos produtos e componentes, em função do tipo de aplicação aos quais são destinados (1).

O conceito de falha também pode ser definido em diferentes níveis. O nível mais simples é aquele que corresponde a um sistema ou componente que não tem um desempenho esperado pelo cliente para aquela função. Esse tipo de falha é denominado perda de função. Um exemplo disso poderia ser um veículo que não atinge a velocidade necessária e esperada pelo usuário/motorista.

O nível seguinte de falha envolve um sistema ou componente que consegue operar, porém, de forma não confiável ou segura. Um exemplo disso poderia ser os cabos que sustentam e movem os elevadores de algum prédio comercial ou residencial e, após vários anos de uso, apresentam evidências de desgaste, o que provavelmente resultará em algum tipo de processo de fadiga. Então, embora a ruptura desses cabos não tenha ainda acontecido, eles estão em situação de perda de vida útil em serviço, pois uma inspeção necessária, minuciosa e cuidadosa apontará a necessidade de substituição desses cabos, desgastados após vários anos em serviço, por cabos novos, em boas condições operacionais. Outro exemplo desse tipo de situação seria o caso de circuitos impressos integrados deixarem, ao longo do tempo, de executar sua função de modo confiável.

O próximo nível de falha é o que corresponde a um sistema ou componente que deixa repentinamente de funcionar, ou seja, torna-se súbita e totalmente inoperável, sem que essa disfuncionalidade tenha sido percebida ou que tenha havido uma inspeção capaz de prevê-la. Esse poderia ser o caso de um eixo de uma bomba que falhou de repente, fazendo com que a bomba de um propulsor parasse de funcionar; ou de uma a fratura súbita de um parafuso que prendia algum componente de uma estrutura mecânica (1).

10.6 FALHA E ANÁLISE DE FALHAS

Uma abordagem lógica da análise de falhas inicialmente necessita de um claro entendimento da definição de falha e das diferenças entre um indicador/sintoma, o mecanismo, a causa raiz e as consequências da falha. Embora alguns envolvidos possam considerar tudo isso um mero exercício de semântica, um claro entendimento de cada característica da situação associada a uma falha permite melhorar muito a capacidade de entendimento das causas e das alternativas de mitigação, proporcionando melhores condições para propor ou especificar as ações corretivas, que poderão evitar a repetição daquela falha.

Considerando como exemplo o caso de uma válvula do tipo borboleta que falhou em serviço, em um sistema de resfriamento à base de água nas instalações de uma fábrica. O reconhecimento dos indicadores, das causas, dos mecanismos e das consequências ajuda a focar as ações investigativas da seguinte forma (1):

- indicadores: devem ser monitorados, pois são os precursores dos sintomas das falhas;
- causas: devem ser o foco das ações de mitigação.
- mecanismos de falha: descrevem como os materiais falharam, de acordo com as definições dos livros-texto dos cursos de engenharia. Se a análise de falhas estiver correta, o mecanismo será consistente com as causas; se o mecanismo não for adequadamente entendido, todas as causas verdadeiras não serão identificadas e a ação corretiva adotada não será totalmente efetiva;
- consequências: devem ser evitadas quando as ações corretivas são totalmente efetivas.

10.7 CONCEITOS DE GERENCIAMENTO DO CICLO DE VIDA

O conceito de gerenciamento do ciclo de vida se refere à ideia de gerenciar a vida útil em serviço de um sistema, estrutura ou componente. Existe um custo associado à proposta de prolongar a vida útil em serviço de um componente, como elevados custos de pesquisa, de projeto (design), de materiais utilizados na fabricação desse componente e mais altos custos de manutenção. Com relação às falhas de um produto, é necessário entender que elas não podem ser totalmente evitadas, mas devem ser mais bem entendidas, previstas e controladas. Evidentemente, nada funciona e dura para sempre, e, no caso de alguns produtos, os consumidores podem preferir uma vida útil mais curta, se os preços forem menores. Ao contrário, a vida útil em serviço de produtos utilizados em aplicações de alta responsabilidade, como componentes de aviões, deve ser cuidadosa e antecipadamente planejada e gerenciada, para que esses produtos sejam submetidos a rotinas de inspeção, que podem se tornar cada vez mais frequentes ao longo do tempo. Em alguns casos, evitar falhas após certo tempo de vida útil predeterminado não apresenta nenhum benefício, como poderia acontecer no caso de um implante cirúrgico que sobrevivesse no paciente em quem foi implantado, por exemplo. Também existe a questão da diminuição do retorno de investimentos feitos para prolongar a vida útil de um produto ou componente em algumas circunstâncias. Um estudo sobre o gerenciamento da vida útil de um componente considera todas essas questões, assim como a da obsolescência. Quanto tempo deve transcorrer até que um produto possa ser considerado obsoleto?

O entendimento de como a típica distribuição de falhas para um certo produto deve ser considerada ao longo do tempo é também importante quando se observam as características da falha. Falhas precoces são frequentemente associadas a problemas de fabricação, de controle de qualidade ou a tensões iniciais de montagem, enquanto falhas relacionadas ao uso prolongado do produto tenderiam a aumentar com o transcurso do tempo.

Uma vez que seja adotado o conceito de vida gerenciada do produto, em substituição ao simples conceito de prevenção de falhas, os custos de projeto e de fabricação podem ser reduzidos, permitindo a otimização de atividades como a manutenção do produto, dispositivo, componente ou equipamento, assim como de outras atividades que possam contribuir para o prolongamento de sua vida útil (1).

10.8 TERMINOLOGIA DA ANÁLISE DE FALHAS

A divulgação/comunicação de informações técnicas relativas à análise de falhas é fundamental para várias áreas do conhecimento da engenharia. A escolha de palavras que descrevem conceitos técnicos, a nomenclatura e mesmo o que pode ser considerado como jargão técnico é crítica para transmitir ideias técnicas para engenheiros, gerentes, operários, pessoas da área comercial, pessoas de manutenção, advogados, júri e outras com maior ou menor conhecimento técnico. Assim, neste momento, é importante e instrutivo enfatizar que um termo descritor pode ter um significado específico para uma pessoa dotada de conhecimento técnico e ser totalmente diferente para um gerente administrativo ou um advogado (1).

Por exemplo, o termo *descontinuidade* pode ser considerado sinônimo de defeito, do ponto de vista geral; mas, para um especialista em mecânica da fratura, pode se referir a qualquer tipo de interrupção da continuidade de um material sólido, que pode ser natural, isto é, gerada espontaneamente, como uma trinca; ou introduzida artificialmente, por usinagem ou qualquer outro processo, como é o caso de entalhes introduzidos propositalmente para avaliar o desempenho de materiais assim entalhados, em alguns tipos de ensaios mecânicos. Por outro lado, em algumas circunstâncias, quando uma trinca é pequena o suficiente para ser considerada menor do que um determinado tamanho crítico, geralmente definido em normas técnicas, ela é considerada benigna e, por esse motivo, não poderia ser encarada como um defeito.

Para os engenheiros de controle de qualidade, as descontinuidades são características que podem ser gerenciadas continuamente na linha de produção, partindo-se do pressuposto de que todo produto industrial apresenta algum tipo de descontinuidade, ou "desvios da perfeição". No "chão de fábrica", essas descontinuidades são medidas e comparadas aos limites já estabelecidos em normas e especificações técnicas, que ditam critérios de aceitação ou rejeição. Uma característica passível de rejeição, conforme tais especificações, é considerada um defeito. De acordo com os conceitos do Seis Sigma, um defeito é qualquer tipo de característica que inibe um processo, ou, de um modo mais geral, qualquer condição que cause a falha do produto em atender as expectativas do cliente quanto ao seu uso. Para os advogados e a área jurídica em geral, defeito é uma denominação que se refere a muitos tipos diferentes de deficiências, incluindo projeto (design) inadequado, uso indevido, muitas vezes por falta de instruções claras ou de avisos suficientes, ou até mesmo por causa de publicidade (marketing) inapropriada (1).

Nuances semelhantes podem surgir nas definições básicas e interpretações utilizadas na análise de falhas. Termos e expressões, como dúctil, frágil, trinca, fratura e crescimento estável e instável de trinca, "percolam" praticamente todos os conceitos abordados em análise de falhas. Mesmo esses termos, aparentemente básicos, podem estar sujeitos a utilização equivocada ou a interpretações errôneas. Um exemplo de pleonasmo seria denominar uma fratura como "clivagem frágil", uma expressão que não acrescenta significado àquele conceito, configurando, assim, uma redundância. Outro exemplo seria a expressão "fratura por sobrecarga", que pode ser interpretada incorretamente por um leigo como uma falha causada por uma carga superior ao valor previsto por engenheiros mecânicos/metalúrgicos/de materiais. Essa interpretação limitada da falha causada por sobrecarga está claramente incompleta.

A terminologia jurídica deve ser utilizada com prudência quando se comunicam protocolos analíticos, procedimentos, descobertas e conclusões. Comunicados e informes, durante as etapas iniciais de uma investigação de uma falha, devem ater-se mais aos fatos do que a eventuais julgamentos. Entretanto, é importante reconhecer que boa parte da terminologia utilizada em análise de falhas pode estar associada a julgamentos, sendo também importante considerar as implicações acarretadas por seu uso (1).

Por exemplo, quando se examinam tanto um componente que falhou quanto um similar que não falhou, após uso em serviço, referências de "componente bom", para o que não falou, e "componente ruim", para o que falhou, devem ser evitadas, pela possibilidade de que a investigação revele que ambos os componentes apresentavam o mesmo tipo de defeito e que, por algum motivo, um deles falhou antes.

Por outro lado, um componente que falhou por causa da aplicação de uma carga excessiva, superior ao limite máximo suportável, poderia ser erroneamente considerado como um "componente ruim". Quando a análise de falhas está mais adiantada e já existem evidências que permitem dizer que a falha foi originada por alguma causa específica, associada à presença de um defeito preexistente, como um defeito de fundição, é possível fazer um julgamento mais embasado sobre a má qualidade de um produto ou componente. Embora um debate sobre a semântica da terminologia da análise de falhas possa parecer um tanto pedante, a comunicação desse tipo de informação deve ser cuidadosa o suficiente para se ater à precisão necessária de linguagem que garanta a confiabilidade de sua transmissão (1).

10.9 ANÁLISE DA CAUSA RAIZ

A análise de falhas é considerada uma investigação sobre as características, os mecanismos e as causas da falha de um produto, componente ou equipamento. Na maioria dos casos, isso envolve considerações sobre as evidências físicas e a utilização de princípios científicos e de engenharia, bem como ferramentas analíticas com essa finalidade. Frequentemente, o objetivo principal de uma análise de falhas é caracterizar as causas, a fim de evitar a repetição de falhas semelhantes. Contudo, somente a análise das evidências físicas, isoladamente, pode não ser suficiente para atingir esse objetivo. O escopo da análise de falhas pode levar – mas não necessariamente – a um entendimento correto e preciso da causa raiz de uma falha. Muitas vezes, a análise de falhas é finalizada erroneamente com a identificação do mecanismo de falha e, talvez, somente das influências causais. Diante disso, os princípios da análise de causa raiz (ACR) podem ser aplicados a fim de garantir que essa causa seja compreendida completamente, proporcionando a possibilidade de aplicação de ações corretivas adequadas. Um exercício de ACR pode ser simplesmente mental ou uma análise logística e gráfica bastante extensa (1).

Muitos textos já foram escritos sobre o processo e os métodos de ACR. Seu conceito não se aplica à análise de falhas somente, mas pode ser usado para qualquer tipo de evento ou condição que afete o desempenho de um material, ou mesmo de um indivíduo. A ACR tem sempre como objetivo primordial a identificação das causas fundamentais de uma anomalia, com o propósito de evitar sua recorrência/repetição, pois, muito frequentemente, apenas conhecendo os sintomas/indicadores e as causas evidentes não é possível conceber ações corretivas efetivas, sendo necessário identificar também as causas ocultas/a causa raiz.

10.9.1 NÍVEIS

Os três níveis da análise de causa raiz são: raízes físicas, raízes humanas e raízes latentes. Muitas vezes, a análise de falhas dedica-se somente às raízes físicas, relacionadas às raízes dos problemas nos equipamentos. Essas raízes, geralmente, resultam de investigações realizadas em laboratórios ou investigações de engenharia e levam a resultados focados em níveis de componentes ou de materiais. Raízes humanas, ou seja, relacionadas a pessoas, envolvem fatores humanos que possam causar uma falha, como um erro em um julgamento humano. Raízes latentes levam às causas do erro humano e incluem raízes essencialmente organizacionais e relacionadas a procedimentos, assim como raízes ambientais e outras raízes que estão fora do domínio de controle. Por exemplo: entre as raízes físicas, estão danos por corrosão e por redução de espessura de paredes em vasos de pressão, que, em parafusos e outros fixadores, podem levar à falha por trincas de fadiga, vibrações ou falta de vibrações no equipamento; entre as raízes humanas, estão casos de inspeção inadequada ou insuficiente, que podem levar à falha em vasos de pressão, e instalação inadequada, que pode levar à falha de parafusos e fixadores em equipamentos; entre as raízes latentes, no caso de vasos de pressão, pode ocorrer treinamento inadequado de inspetores e, quanto a parafusos e outros fixadores, a inadequada especificação e inspeção de processos (1).

Dependendo dos objetivos de uma ACR, pode ocorrer maior ou menor aprofundamento nas causas raízes. Esses objetivos são tipicamente baseados na complexidade da situação e no risco associado a falhas adicionais. Na maioria dos casos, predomina o desejo de identificar as causas raízes que possam ser razoavelmente corrigíveis.

10.9.2 REQUISITOS PARA UMA ACR EFETIVA

A realização de uma ACR efetiva necessita de uma abordagem interdisciplinar, de modo a assegurar que os resultados estejam corretos e que sejam identificadas ações corretivas. Na realidade, a maioria das falhas envolve fatores que perpassam diferentes áreas de conhecimento técnico-científico, como a metalurgia, as engenharias mecânica, hidráulica e elétrica, o controle de qualidade, os conhecimentos operacionais e de manutenção, fatores humanos e outros. Uma equipe ideal de análise de falhas reuniria um amplo espectro de especialistas nessas diferentes áreas de conhecimento, para garantir a perspectiva mais ampla possível de análise (1).

O melhor líder para essa equipe de análise deve ser um bom comunicador, com amplo conhecimento técnico, que seja capaz de integrar diferentes fatores e esteja apto a selecionar a(s) melhor(es) competência(s) específica(s) para a análise. No caso de falhas menos complexas, é benéfico que o líder seja um indivíduo com um vasto conhecimento geral e capaz de interagir com especialistas, novamente para garantir uma ampla perspectiva de análise. Desse modo, um metalurgista é o especialista mais adequado para relatar uma deficiência metalúrgica em um produto que tenha contribuído para a ocorrência de uma falha, mas um especialista em usinagem pode ser mais efetivo para descrever fatores negativos relacionados a problemas na usinagem do material, assim como um projetista/designer certamente pode identificar melhor as falhas de projeto/design que contribuíram para a ocorrência da falha. Todos esses fatores podem ser muito importantes e devem ser considerados na análise, mas pode acontecer que somente um, todos ou nenhum estejam diretamente associados à causa raiz primária. Outros fatores podem estar mais diretamente ligados à causa raiz, como fatores humanos, ambientais, relacionados a procedimentos operacionais e outros (1).

10.9.3 CAUSAS RAÍZES FÍSICAS E PRIMÁRIAS DE UMA FALHA

A esquematização de categorias/causas raízes de falhas de equipamentos varia muito entre especialistas em análises de falhas, engenheiros de qualidade, outros engenheiros e gerentes, assim como entre profissionais da área jurídica e da área de seguros. A ação de agrupar as causas raízes físicas em poucas categorias fundamentais é vantajosa e informativa porque define quais aspectos de um produto ou sistema necessita de estratégias de ações corretivas e preventivas. A análise sistemática das falhas de um equipamento revela causas raízes físicas, que podem ser classificadas em quatro categorias fundamentais (1):

- deficiências no projeto (design);
- defeitos do material;
- defeitos de fabricação ou de instalação;
- anomalias relacionadas à vida do produto em serviço.

A vida em serviço de determinados componentes está ligada a características específicas de projeto e de configuração, uma vez que se relaciona com a severidade de uma condição específica de serviço, que pode ser, até certo ponto, prevista para uma certa aplicação. Características típicas incluem resistência mecânica, resistência a corrosão, condição de tratamento térmico, tamanho de uma descontinuidade presente, acabamento superficial, raio de dobramento, fração de vazios (por exemplo, em uma peça fundida, produzida por metalurgia do pó, ou soldada), grau de sensitização e outras.

Exemplos de condições de serviço incluem nível de tensões atuantes, tanto estáticas quanto cíclicas; temperatura à qual o material está exposto, agressividade do ambiente, grau de exposição à radiação, a campos elétricos, magnéticos e eletromagnéticos, entre outras.

A variação dessas características e das condições de serviço produz grande variação na expectativa do tempo de vida útil de um determinado produto ou componente. É certo que a existência de características e condições de serviço mais favoráveis, a uma determinada aplicação, prolongarão a vida útil do produto ou componente. As falhas podem ser evitadas, ou pelo menos muito retardadas ao longo do tempo, quanto mais favoráveis forem essas características e condições de serviço do produto ou componente em uma certa aplicação. Inversamente, súbitas mudanças de condições de serviço que as tornem mais desfavoráveis a um produto ou componente podem encurtar sensivelmente sua vida útil (1).

10.9.4 DEFICIÊNCIAS DE PROJETO (DESIGN)

Causas raízes de falhas que se originam de deficiências de projeto (design) referem-se a características de um produto ou sistema que resultam de um projeto inadequado para aquele tipo de aplicação. Esse processo abrange o desenvolvimento do conceito original, a definição de configuração geral e o projeto dos detalhes, incluindo a seleção e a especificação de materiais e dos processos de fabricação. O conceito de projeto envolve a identificação e a definição de uma dada necessidade que deve ser satisfeita por um produto ou sistema, seguidas pela definição de requisitos de desempenho, pela previsão de condições de serviço em uma determinada aplicação; as limitações e restrições que se impõem ao projeto e as condições críticas e os riscos associados à falha daquele produto ou sistema (1).

Alguns exemplos de deficiências de projetos incluem a presença de concentradores de tensões indesejados, devido à presença de entalhes excessivamente agudos (por exemplo, em chavetas e em eixos) ou raios de adoçamentos insuficientes (por exemplo, em eixos ou em mancais). Outros exemplos incluem tensões residuais imprevistas, associadas a condições inadequadas de tratamentos térmicos para determinadas peças com geometria complexa, ou tensões de montagem, que surgem em peças que possam apresentar interferências indesejadas. Por exemplo, tratamentos superficiais inadequados, como a utilização de revestimento de cádmio em um fixador de superliga A286, que foi submetido a temperaturas de serviço acima de 315°C, pouco inferior à temperatura de fusão do cádmio comercialmente puro, que é de 320°C. Dois metais especificados para uso em aplicações que exigem resistência ao desgaste podem suportar o atrito se eles forem incompatíveis, como no caso de desgaste por deslizamento de componentes fabricados com aços inoxidáveis austeníticos ao níquel (série 3XX do sistema AISI-SAE) (1).

A seleção de materiais que são incapazes de promover propriedades mecânicas para uma determinada aplicação, como resistência a tração, a fadiga, a corrosão e a elevadas temperaturas, entre outras propriedades, também pode ser considerada um tipo de deficiência de projeto. Materiais podem apresentar anisotropia ou variação de propriedades – por exemplo, entre as partes mais finas e mais espessas de um produto fundido, ou entre as direções longitudinais e transversais de um material submetido a algum tipo de trabalho mecânico. É importante considerar que, nesse tipo de condição, um material pode apresentar as propriedades exigidas ou especificadas em uma norma ou procedimento experimental e em uma certa direção ou região, mas não em outras.

Falhas causadas por projeto inadequado também surgem devido à geometria inapropriada, como definida em um desenho técnico, podendo levar ao comprometimento da capacidade de um componente ou sistema desempenhar satisfatoriamente uma dada função. Exemplos de geometria inadequada incluem juntas com preparação inapropriada para soldagem ou brasagem, como um chanfro insuficientemente pequeno para a deposição de cordões de solda e a inexistência de uma folga suficiente para solda de encaixe. Outros casos de geometria inadequada podem incluir espessura insuficiente ou excessiva para vários tipos de processos de fabricação e de aplicações para esses produtos (1).

10.9.5 DEFEITOS DOS MATERIAIS

Imperfeições ou descontinuidades inaceitáveis nos materiais são consideradas defeitos por serem, geralmente, nocivas ao desempenho ou à aparência de um determinado produto ou sistema. Alguns tipos clássicos de descontinuidades em materiais, que podem ser causas de falhas, incluem (1):

- peças forjadas: rebarbas, rupturas, lascas/escamas, cavidades geradas por contração térmica diferenciada, vazios centrais, fibras de escoamento e inclusões;
- peças fundidas: porosidade, cavidades geradas por contração térmica diferenciada, microcavidades, segregação, gotas frias ("lágrimas") e inclusões;
- chapas e placas laminadas: trincas de bordas, lascas/escamas e dupla laminação;
- produtos extrudados e trefilados: trincas de bordas, ranhuras, desníveis, rupturas centrais.

Esses defeitos observados em materiais, em geral, podem ser descritos como descontinuidades que degradam/comprometem o desempenho de um produto, de algum modo. Apesar das medidas que são tomadas para controlar, documentar, medir, analisar e melhorar os processos envolvidos na fabricação de um produto metálico, como os sistemas já mencionados, e outros, podem surgir defeitos nos materiais. Muitos produtos defeituosos são impedidos de ser encaminhados aos clientes graças a diligências internas associadas a procedimentos internos e sistemas de garantia da qualidade nas empresas. Mesmo assim, algumas vezes, produtos defeituosos são entregues inadvertidamente aos clientes. Dependendo de quão crítica essa situação possa ser, inspeções periódicas nos produtos podem ser necessárias e, assim, revelar defeitos que não foram previamente identificados (1).

10.10 DEFEITOS DE FABRICAÇÃO E DE INSTALAÇÃO

Fabricação é um termo que se refere ao processo de criar um produto a partir de uma matéria-prima e de acordo com uma documentação técnica, geralmente realizado em uma fábrica.

Instalação é definida como a colocação desse produto em um determinado local, geralmente construído para tal finalidade, ou pelo menos adequado a esse objetivo. Embora o projeto/design seja adequado, e o processo de fabricação em si, também, um produto pode se tornar defeituoso devido a erros cometidos durante sua instalação. Existe uma grande variedade de defeitos surgidos durante a fabricação de um produto, mas também existem vários tipos de defeitos que se originam no processo de instalação, geralmente causados por variáveis que excedem limites de controle.

A seguir são listados defeitos que podem resultar de diferentes processos de fabricação, instalação e inspeção, quando essas variáveis de processo saem de controle (1):

10.10.1 PROCESSOS DE REMOÇÃO DE METAIS

- Trincas, devido a usinagem excessiva ou inadequada;
- rangidos, ruídos e agarramento, devido a altas velocidades de avanço da ferramenta ou de introdução de algum material;
- danificação da microestrutura do material, devido à utilização desastrada de alguma ferramenta;
- superaquecimento causado por atrito excessivo durante esmerilhamento, lixamento ou processos abrasivos semelhantes;
- trincas em camadas/revestimentos, devido ao surgimento de descargas elétricas durante a usinagem;
- ataque intergranular excessivo causado por usinagem eletroquímica inadequada;
- trincamento por tensões residuais causadas por superaquecimento (1).

10.10.2 PROCESSOS DE CONFORMAÇÃO/TRABALHO MECÂNICO DE METAIS

- Trincas, rasgamento ou empescoçamento, devido a descontrole em operações de conformação/embutimento profundo;
- marcas de ferramentas e ranhuras decorrentes de operações de conformação inadequadamente conduzidas;
- rasgamento superficial, devido à preparação inadequada da superfície antes do trabalho mecânico;
- trincamento causado por tensões residuais associadas a alto grau de escoamento durante a conformação;
- bandas de Lüders, em razão da excessiva taxa de deformação durante a conformação;
- dano de superaquecimento no decorrer da operação de enrolamento de uma bobina;
- dano à microestrutura, devido a cisalhamento, corte e estampagem ou perfuração;
- trincas e gotas frias laminadas na superfície, surgidas ao longo do jateamento (*shot peening*).
- trincamento por corrosão sob tensão, devido ao uso de lubrificantes inadequados/ricos em hidrogênio/hidrocarbonetos (1).

10.10.3 TRATAMENTOS TÉRMICOS

- Crescimento excessivo de grão;
- transformação de fase incompleta;
- trincas de têmpera;
- descarburização;
- martensita não revenida;
- fragilidade de revenido e outras condições de fragilização semelhantes;
- precipitação inadequada;
- microestrutura sensitizada;
- heterogeneidades microestruturais;
- perda de propriedades em razão do superaquecimento durante recozimento pós-revestimento (1).

10.10.4 SOLDAGEM

- Falta de fusão;
- trincamento frágil na zona afetada pelo calor (ZAC);
- ZAC sensitizada;
- trincamento por tensões residuais;
- inclusões de escória;
- formação de descontinuidades na região final da zona de fusão;
- bordas do metal de adição fora das especificações;
- trincamento a quente;
- fragilização por hidrogênio, devido a contaminação por umidade;
- fragilização por metal líquido, devido a contaminação do revestimento (1).

10.10.5 LIMPEZA/ACABAMENTO

- Corrosão, por motivo de limpeza inadequada anterior à pintura;
- ataque corrosivo intergranular ou fragilização por hidrogênio, ocasionada por algum tipo de limpeza ácida;
- fragilização por hidrogênio associada a algum tipo de aplicação de revestimento superficial;
- corrosão sob tensão, causada por lixiviação cáustica de peças fundidas em autoclaves (1).

10.10.6 MONTAGEM EM UMA FÁBRICA OU EM OUTRO LOCAL

- Desalinhamento;
- falta de peças ou colocação de peças erradas;
- desajuste no encaixe de uma peça ou componente;
- sistema de fixação inadequado ou torque inadequado/excessivo ou insuficiente;
- preparação de superfície inadequada (1).

10.10.7 TÉCNICAS DE INSPEÇÃO

- Queima causada pelo arco associada a inspeção por partículas magnéticas;
- ataque corrosivo intergranular ou fragilização causados por macroataque;
- trincas de têmpera ou de fadiga, que surgem a partir das marcas de estampagem deixadas no aço (1).

10.11 ANOMALIAS ASSOCIADAS À VIDA ÚTIL DE UM PRODUTO/ COMPONENTE EM SERVIÇO

O tempo de vida útil de um componente ou sistema é fortemente dependente das condições nas quais o produto opera em serviço. A vida em serviço de um produto abrange sua operação, manutenção, inspeção; seu reparo e sua modificação. Falhas causadas por anomalias em um desses aspectos da vida útil em serviço se diferenciam das falhas que surgem devido ao projeto, à seleção de materiais e a processos de fabricação dos produtos, descritos anteriormente (1).

10.12 MÉTODOS PARA ORGANIZAR/REALIZAR A ACR

Existem várias ferramentas para auxiliar na realização da ACR. Entretanto, o requisito mais importante é a disposição do investigador/analisador em manter a mente aberta para várias possibilidades/situações. Ideias preconcebidas ou viés muito forte podem se tornar obstáculos sérios às investigações associadas à ACR (1).

A representação visual de uma ACR é mais facilmente compreendida, do ponto de vista visual, do que uma longa narrativa descritiva. Muitos métodos gráficos foram desenvolvidos para facilitar a organização lógica das informações, como um auxílio para a realização de uma ACR. Embora o uso dessas técnicas possa ser inestimável para uma análise lógica e completa, não devem ser desconsiderados outros fatores também importantes, como a mente aberta e a criatividade.

A seguir, é delineada uma rápida e, de certo modo, simplificada descrição de vários métodos gráficos comuns que podem ser utilizados para realizar uma ACR (1).

10.13 ANÁLISE DA ÁRVORE DE ERROS

É um método de análises dedutivo que identifica um evento importante, principal ou máximo – nesse caso, uma falha –, e, então, avalia todos os modos possíveis pelos quais esse evento pode ter ocorrido, por meio da identificação das interrelações entre os eventos básicos ou condições que possam ter levado à falha do produto ou componente. A árvore é organizada pela identificação da sequência de todos os eventos interligados que levaram ao evento máximo ou principal, conectando-os com um elo, que descreve o relacionamento lógico entre esses eventos básicos ou menores. A Figura 27 apresenta uma árvore de falhas simplificada (1).

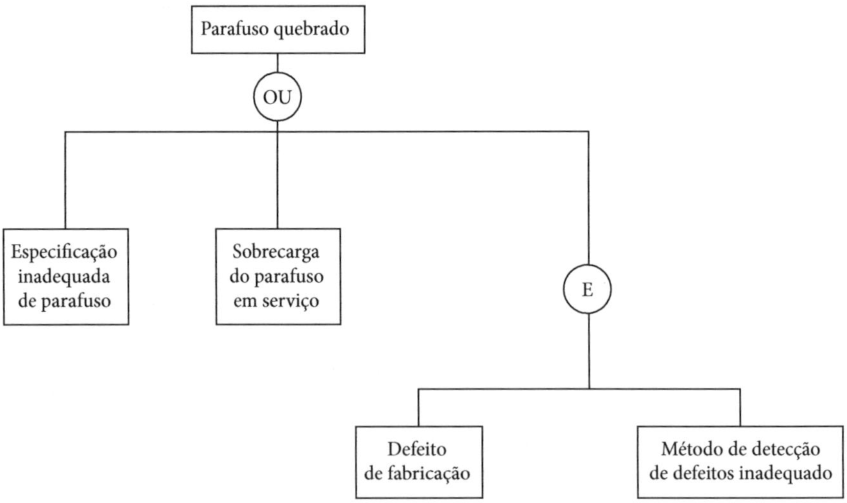

Figura 27 – árvore de falhas simplificada: exemplo.

10.14 DIAGRAMA DE ANÁLISE DE EVENTOS E FATORES CAUSAIS

Essa é uma ferramenta muito flexível e útil para realizar uma análise lógica de uma sequência de eventos e fatores causais. A sua elaboração começa com uma linha do tempo básica, com a adição de condições relacionadas, eventos secundários e hipóteses/pressupostos (1).

Para elaborar o gráfico, é necessário colocar os eventos em retângulos e conectá-los em uma sequência, da esquerda para a direita, usando setas sólidas/contínuas. O evento terminal deve ser listado na extremidade direita, dentro de um círculo ou elipse. Também em elipses devem ser listados os fatores contribuintes, os fatores causais e as condições, e o relacionamento entre esses fatores. Os eventos devem ser representados por setas tracejadas (1).

Barreiras também podem ser adicionadas a esse diagrama/gráfico com o propósito de identificar barreiras/obstáculos que falharam, permitindo a ocorrência de eventos que causaram a falha. Nele, uma barreira pode assumir várias formas, inclusive uma barreira física, como uma porta de armário; ou uma barreira de processo, que não foi instalada adequadamente.

Os elementos básicos desse diagrama são os eventos primários, os eventos secundários e as condições (Figura 25). Os eventos se constituem na base do diagrama, enquanto as condições são apenas circunstâncias pertinentes à situação. O objetivo principal da análise é a identificação das falhas primárias do equipamento, das falhas de processo ou dos erros humanos que permitiram a ocorrência do evento que levou à perda. Assim que se completa o diagrama, é possível identificar os fatores causais. Eles são identificados como os fatores que, caso tivessem sido eliminados/controlados, teriam evitado a ocorrência, ou, pelo menos, teria sido minimizada a severidade do evento de perda (Figura 28) (1):

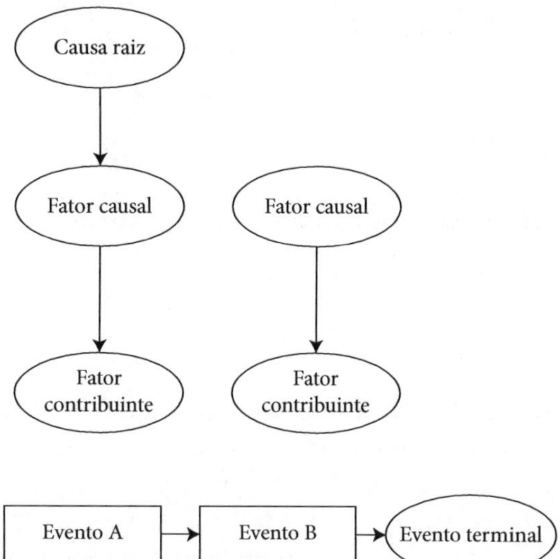

Figura 28 – diagrama de análise de eventos e fatores causais: exemplo (1).

10.15 ANÁLISE DE CAUSA E EFEITO

Sempre haverá algum motivo para a ocorrência de uma falha. Uma análise de causa e efeito é um modo de relacionar causas a uma falha, na tentativa de se encontrar uma causa raiz. Causas podem ser fatores relacionados a problemas no projeto/design, fabricação inadequada ou com acabamento ruim, montagem inapropriada e outros. Uma análise simples de causa e efeito pode assumir a forma de um diagrama do tipo "espinha de peixe", que pode ser elaborado a partir das seguintes etapas (Figura 29) (1):

1. descrever claramente a falha na extremidade direita do diagrama;
2. identificar as categoriais principais de causas como ramos que convergem para a falha;
3. realizar uma reunião de debate, do tipo *brainstorming*, sobre as possíveis causas, listando-as em cada um dos ramos principais (categorias);
4. analisar todos os dados, até que a causa raiz (ou causas raízes) seja identificada.

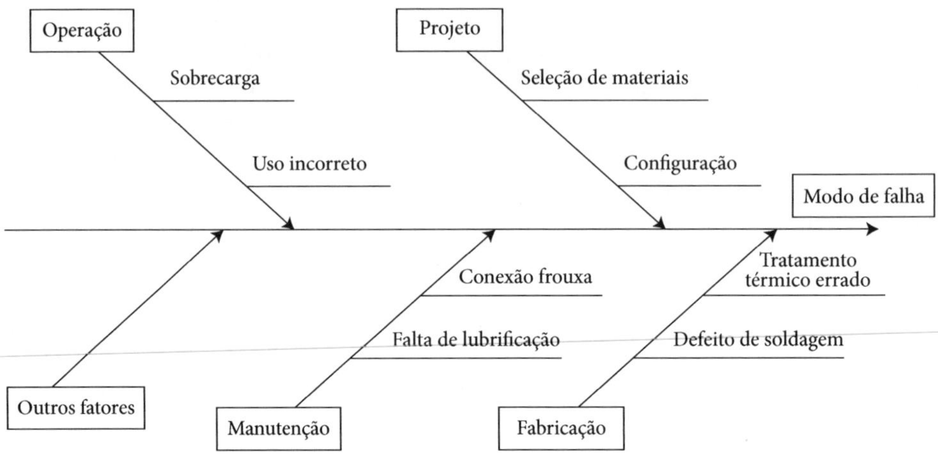

Figura 29 – diagrama de análise de causa e efeito ("espinha de peixe"): exemplo.

10.16 5 PORQUÊS

A técnica denominada *5 Porquês* é um modo simples de conduzir o usuário ou analista a níveis mais profundos de identificação de causas, levando-o, assim, mais profundamente a uma causa raiz. O objetivo principal é perguntar "o porquê" após a identificação de cada causa, até que as verdadeiras causas raízes sejam identificadas. Na verdade, podem existir mais ou menos do que cinco porquês, que devem ser respondidos até se chegar à causa raiz. Em uma sequência lógica, acerca de uma falha que poderia ser o colapso de uma ponte em uma autoestrada, o primeiro porquê seria: "Por que ocorreram danos de corrosão no aço estrutural usado na fabricação das vigas?". O segundo porquê seria: "Por que houve retenção de água nessas vigas?". O terceiro porquê seria: "Por que fragmentos e detritos semelhantes entupiram o sistema/a tubulação de drenagem?". O quarto porquê seria: "Por que não foi realizado nenhum serviço de manutenção para limpeza da tubulação de drenagem ao longo de vários anos?". O quinto porquê a ser respondido determina a causa raiz da falha: "Por que contingenciamentos orçamentários levaram ao corte de despesas com serviços de manutenção/limpeza?" (1).

10.17 OUTRAS FERRAMENTAS USADAS EM ANÁLISE DE FALHAS

Existem muitas outras ferramentas que podem ser consideradas na realização de análises de falhas. Adicionalmente às técnicas de causa raiz, outras ferramentas disponíveis ao analista incluem (1):

- revisão de todas as fontes de dados e informações iniciais/de entrada;
- entrevistas com pessoas;
- investigações laboratoriais;
- análise de tensões;
- análise de mecânica da fratura.

10.18 FONTES DE DADOS DE ENTRADA

Dados físicos, como peças que falharam, amostras de influências ambientais, fotografias, registros de coleta de dados (pressão, temperatura, velocidade etc.) e dados de experiência prévia são importantes partes de um processo investigativo. A análise, do tipo forense, dessas partes e dados é a espinha dorsal de uma investigação de falha. Alguns dos elementos-chave desse tipo de investigação são (1):

- Evidência física: peças fraturadas, amostras, componentes com desempenho ruim, posições, configurações etc. A preservação das amostras a tempo, a coleta e o registro das evidências físicas são essenciais para que a investigação da falha seja efetiva. A preservação da evidência é realizada por meio da restrição ao acesso ao local da falha, pela preservação das configurações e posições, pela obtenção do registro fotográfico da situação como encontrada, por meio do desenho de esquemas ilustrativos, pelo registro de variáveis de processo (temperatura, pressão, posição, tempo etc.) e por meio da marcação, aplicação de rótulos e outros modos de identificação de amostras e posições.
- Dados anteriores: dados de projeto/design, especificações de dados técnicos, resultados de simulações e análises anteriores, entre outros.
- Pessoas envolvidas: testemunhas, operadores, projetistas/designers, pessoal de manutenção, participantes, especialistas no assunto e outros.

10.19 ENTREVISTAS COM PESSOAS

Entrevistas com pessoas envolvidas na fabricação, manutenção e uso do produto ou componente podem significar uma fonte de informação essencial para qualquer tipo de investigação de falha. Esse tipo de informação, caso seja solicitada e documentada propriamente, complementa e reforça aquela obtida com dados físicos ou pesquisa. Um modo muito efetivo de coletar informações de pessoas é por meio do processo de entrevistas. Existem pelo menos três razões fortes para a coleta de dados dessa forma (1):

- fornecem dados obtidos em primeira mão, com testemunhas, participantes de eventos etc.;
- fornecem dados históricos e circunstanciais: experiências ao longo do tempo, eventos relacionados ao que está sendo analisado, percepções de situações etc.;
- fornecem informações obtidas com especialistas, esclarecendo aspectos do evento a partir de conhecimento técnico específico ou especializado.

É de fundamental importância que essas pessoas que podem fornecer informações em primeira mão sejam entrevistadas o mais rapidamente possível após a ocorrência do evento que levou à falha. Informações importantes podem ser perdidas ou alteradas pela perda de pequenos (porém importantes) dados com o decorrer do tempo ou pela tendência de perder conhecimento de primeira mão quando o mesmo evento é abordado por outros indivíduos.

Alguns aspectos importantes que devem ser considerados quando são realizadas entrevistas com testemunhas ou participantes incluem (1):

- explicar às pessoas por que as entrevistas estão sendo realizadas e manter a confidencialidade, na medida do possível;
- entrevistar individualmente ou em pequenos grupos, sempre que for possível; nunca entrevistar alguém na presença de seu supervisor ou gerente, ou em nenhum outro ambiente em que haja qualquer tipo de influência, restrição ou constrangimento;
- preparar o ambiente da entrevista, para que este seja o mais confortável e menos intimidador possível;
- é necessário formular questões que não tenham respostas prontas ou conclusões absolutas, assim como é necessário não conduzir ou influenciar as respostas;
- saber diferenciar conhecimento ou informação obtidos em primeira mão daqueles obtidos em segunda mão ou por meio de terceiros;
- solicitar dados quantitativos específicos, dados qualitativos e opiniões;
- obter referências a terceiros que possam ter informações pertinentes e a outras fontes de dados;
- reconhecer vieses e paradigmas ao interpretar as respostas expressas às questões formuladas.

10.20 INVESTIGAÇÕES LABORATORIAIS

Após a coleta de dados e amostras pertinentes, uma investigação laboratorial é quase sempre necessária, a fim de proporcionar uma análise completa das evidências físicas, de modo a identificar os mecanismos de falha. Boas práticas laboratoriais começam com procedimentos adequados de coleta e manuseio de amostras (1).

10.20.1 COLETA DE AMOSTRAS *NO LOCAL* E RECEBIMENTO NO LABORATÓRIO

Quando for realizada a coleta de amostras para análise em laboratório, é uma regra importante coletar peças que falharam, fragmentos observados no local e amostras de lubrificantes e fluidos em geral, bem como coletar evidências que vão além do que está mais aparente no momento da avaliação inicial. Outro aspecto importante é a coleta de peças não danificadas, mas com aparência e outras características similares à daquela que foi danificada. É recomendável desenhar esquemas que indicam o posicionamento das peças e os locais de coleta das amostras; documentar/registrar com o maior número possível de fotografias o local ou cenário onde ocorreu a falha, obtendo fotografias a partir de diferentes ângulos; inserir réguas e demais objetos com escalas que permitam visualizar as dimensões das peças e sistemas. Também devem ser marcados os níveis de fluidos ou outras posições que devem ser registradas antes de qualquer tipo de modificação ou perturbação. Desse modo, é importante reunir a documentação e as ferramentas de coleta apropriadas, para que o analista esteja preparado para atividades que não podem ser previstas antes da chegada ao laboratório (1).

De um modo geral, as amostras devem ser coletadas em frascos ou sacos de polietileno com o uso de luvas protetoras e ferramentas apropriadas para a coleta. Amostras líquidas devem ser coletadas em frascos de vidro com tampas revestidas por teflon. Amostras para análises microbiológicas devem ser coletadas em recipientes esterilizados e mantidas em temperatura relativamente baixa para análise dentro de pouco tempo, de modo a evitar, ou pelo menos minimizar, sua degradação. Superfícies devem estar isentas de digitais e outras possíveis fontes de contaminação. É necessário proteger as amostras, particularmente aqueles itens mais delicados e as superfícies de fratura, do contato entre si e com outras possíveis fontes de danos ou de degradação, de algum modo.

Outro aspecto muito importante da coleta de amostras é a identificação destas por algum tipo de rótulo ou etiqueta, indicando-se quando foram coletadas, por quais motivos, como foram orientadas, quem as removeu do local de origem e quais eram as observações *in situ* relevantes. De um modo geral, é desejável coletar a maior amostra possível para análise laboratorial, antes do corte/seccionamento ou remoção de amostras menores.

Amostras recebidas em um laboratório podem variar em dimensões e peso, desde um componente muito grande, que necessite do uso de um guindaste com grande capacidade para ser deslocado, até algo muito pequeno, que só possa ser visualizado com o uso de um microscópio. Após coleta, recebimento, manuseio, identificação com rótulos e armazenamento da amostra apropriados, é fundamental assegurar que a evidência importante não seja perdida ou alterada. As amostras devem ser sempre acondicionadas em locais secos e seguros, e é necessário ser mantido um registro de armazenamento (1). Deve ser obtido um registro de segurança de dados da amostra, e os requisitos de armazenamento adequado de materiais de risco devem ser observados. Um investigador experiente deve planejar um local para o armazenamento dos materiais de risco após o término da investigação. Para alguns materiais de alto risco, o descarte em lixeiras comuns ou em ralos não é mais uma opção aceitável. Especialistas devem ser chamados para remover e descartar esse tipo de material (1).

10.20.2 ANÁLISE LABORATORIAL

As etapas realizadas em laboratório, após o recebimento adequado das amostras, incluem (1):

- análise inicial;
- documentação/registro fotográfico;
- ensaios não destrutivos;
- verificação do material;
- análise fractográfica;
- análise metalúrgica (microestrutural);
- determinação das propriedades mecânicas;
- análise das evidências;
- redação do relatório.

O manuseio das amostras e as técnicas laboratoriais utilizadas na análise de falhas são descritos em outras seções deste livro.

10.21 ANÁLISE DE TENSÕES

Frequentemente, a realização de uma análise de tensões é uma etapa crítica da análise estrutural de uma falha. Esse tipo de técnica é tipicamente usado para determinar o estado de tensões atuantes em um material, como resultado de carregamentos externos ou outras fontes de tensões, como gradientes/transientes térmicos ou acelerações aplicadas. As técnicas disponíveis de análises de tensões incluem cálculos manuais ou computacionais, com o uso de teorias de resistência dos materiais, aproximações derivadas de fontes de referências, fontes e métodos derivados empiricamente, e técnicas computadorizadas, como a do método dos elementos finitos (MEF) (1).

O método dos elementos finitos é amplamente usado tanto como ferramenta de projeto/design quanto como ferramenta de investigação em uma análise de falhas. Esse método pode ser usado em muitas áreas do conhecimento relacionadas com a análise de falhas, sendo as mais comuns a análise de tensões, a transferência de calor, o escoamento de fluidos e as propriedades eletromagnéticas. O MEF é capaz de proporcionar o modelamento de condições complexas e descrever condições transientes e não lineares que são tipicamente muito complexas para serem reproduzidas usando-se cálculos manuais ou outras aproximações analíticas (1).

O uso do MEF na análise de falhas é diferente do seu uso como ferramenta de projeto/design de um produto. Na análise de falhas, um dos principais focos de atenção é a localização da fratura. Essa área do modelamento do MEF deve ter uma malha mais fina para poder capturar com maior precisão os efeitos de concentrações de tensões e outros também localizados. Cargas aplicadas devem incluir o histórico de carregamento efetivo que esteve associado à falha, incluindo eventos que não estiveram associados a considerações normais de projeto/design. Tudo isso diverge do conceito fundamental de MEF aplicado ao projeto/design de produtos, no qual não existe a mesma preocupação, pois a análise de tensões é realizada de modo semelhante ao longo de todas as dimensões do material, sem focar demasiadamente em uma determinada região, pois o projeto/design concebe a peça como um todo, considerando somente sua finalidade ou aplicação, ou seja, comparando as propriedades ou características do material por inteiro, como as que estão previstas nas especificações técnicas ou normas (a resistência ao escoamento, ao cisalhamento, deformações máximas admissíveis e outras, por exemplo) (1).

10.22 MECÂNICA DA FRATURA E ANÁLISE DE FALHAS

De um ponto de vista estritamente histórico, o conhecimento da mecânica da fratura foi desenvolvido com o objetivo de se compreender a relação entre descontinuidades, como trincas/imperfeições semelhantes e tensões, procurando estabelecer critérios de aceitação de trincas menores durante a fabricação de estruturas duráveis. Com a progressão do desenvolvimento desse conhecimento, percebeu-se a importância e a utilidade da mecânica da fratura na análise de falhas, da qual se tornou uma das principais ferramentas (1).

O objetivo deste texto não é aprofundar o debate sobre a relação entre mecânica da fratura e análise de falhas, mas, sim, apontar alguns aspectos interessantes dessa relação, principalmente o da utilidade da mecânica da fratura como ferramenta na análise de falhas. Ao realizar medições cuidadosas de características relevantes das fraturas, incorporando propriedades conhecidas dos materiais (como a resistência a tração e a tenacidade da fratura) e analisando as cargas e os mecanismos de aplicação, é possível estabelecer relações para obter estimativas das cargas e tensões atuantes no momento da fratura, ou determinar que o material não tem as propriedades necessárias para aquele tipo de aplicação. Esses valores de propriedades podem ser comparados às cargas ou tensões medidas ou calculadas. É importante ressalvar que esses comentários compõem apenas um breve sumário e uma simplificação exagerada do processo real. É importante considerar as incertezas associadas à análise de falhas e também aos cálculos do fator de intensidade de tensões do componente que falhou. Os resultados da análise de tensões e da mecânica da fratura devem ser consistentes com as informações microestruturais e fractográficas obtidas por meio dos registros fotográficos, em escala macrográfica e micrográfica.

Quando a falha ocorre por meio de uma fratura progressiva, como no caso de fadiga ou de trincamento por corrosão sob tensão, a análise fractográfica é realizada para determinar o espaçamento entre as estrias de fadiga ou o perfil de interrupção de propagação de uma trinca, por meio da superfície de fratura, o que é praticável. Os dados assim gerados podem ser colocados em equações adequadas para estimar os fatores de intensidade de tensões, tanto para o processo de fadiga quanto para o processo de trincamento por corrosão sob tensão, ou, em algumas circunstâncias, para ambos os processos. As densidades medidas de estrias de fadiga podem ser utilizadas nos cálculos de mecânica da fratura para determinar a faixa de valores de tensões, bem como a faixa de valores de fatores de intensidade de tensões, quando a contagem efetiva de ciclos, para um dado comprimento de trinca, é conhecida. A utilidade da mecânica da fratura como ferramenta para a análise de falhas continua a se desenvolver. Um dos objetivos é a possibilidade de determinar o tamanho e a taxa de crescimento da trinca ao longo do tempo, também considerando questões importantes como (1):

- De algum modo, uma trinca detectável foi perdida/ignorada durante a inspeção?
- O intervalo de inspeção foi apropriado?
- A reconstrução, revisão ou outra operação de manutenção, de algum modo, contribuiu para a ocorrência do trincamento?
- Alguma mudança nas condições do produto em serviço ou nos parâmetros operacionais contribuiu para o trincamento?

10.23 CATEGORIAS DE FALHAS

Existem muitos modos de classificar em categorias as falhas e os danos que surgem nos materiais. Nenhum sistema é necessariamente completo e consistente, com múltiplas possibilidades. Entretanto, a classificação em categorias pode ajudar a priorizar ou identificar caminhos para uma investigação, desde que elas não limitem a investigação crítica (1).

10.24 CATEGORIAS DE FATORES QUE TENSIONAM OS MATERIAIS

Para determinar as causas da falha de um material, é necessário considerar os fatores ativos que o tensionam. Esse tipo de fator tensionador é uma influência externa que pode ser a causa direta ou indireta da falha. Entender essas influências é importante para realizar uma análise de falhas efetiva, que possa levar à determinação da causa raiz. Do mesmo modo, a mitigação desses fatores tensionadores é frequentemente a solução mais lógica para reduzir a suscetibilidade à falha. O grau de influência dos tensionadores é fortemente dependente da suscetibilidade do componente, dos critérios de desempenho, da magnitude do tensionador, do tempo de exposição a esses fatores e da suscetibilidade do material em si.

Os seis tipos de tensionadores são (1):

- mecânicos: cargas aplicadas, estáticas, dinâmicas e cíclicas, tensões residuais induzidas por processos de fabricação e movimentos aplicados;
- químicos: exposição inadvertida, aguda ou crônica a um ambiente quimicamente agressivo; questões relacionadas com a compatibilidade entre os materiais;
- eletroquímicos: um metal suscetível colocado em um meio aquoso corrosivo;
- térmicos: exposição a temperaturas elevadas, resultando em degradação dos materiais;
- relacionados com algum tipo de radiação: luz ultravioleta, luz solar, radiação ionizante de usinas nucleares e outros tipos de radiação;
- elétricos: tensões elétricas aplicadas, devido à presença de um campo elétrico.

10.25 PREVENÇÃO DE FALHAS

A prevenção da ocorrência de falhas, na verdade, começa na especificação, no projeto/design, na fabricação, na instalação, na operação e na manutenção do componente ou produto. Todavia, antes de tomar medidas para a prevenção de falhas, é necessário determinar o grau de confiabilidade em uma situação específica (1).

Existe um custo associado à prevenção de falhas, assim como também existe um custo associado à aceitação de falhas. Como mostrado na Figura 29, em algumas ocasiões pode ser necessário aceitar falhas, considerando os custos acarretados pelas medidas a serem tomadas para aumentar a confiabilidade, que podem ser maiores do que os benefícios proporcionados por essas medidas. Por exemplo, os custos de uma falha em uma aeronave são tão elevados que ultrapassam muito quaisquer custos associados a serviços de manutenção ou outros relacionados ao aumento da confiabilidade. Por outro lado, os custos de uma falha em um abridor de tampas de garrafas, por exemplo, normalmente são tão baixos que não justificavam os custos de um serviço de manutenção ou de aumento da confiabilidade, sendo preferível aceitar a falha e substituir o produto por outro similar.

Desenvolver a confiabilidade desde o início é o modo mais eficiente de atingir altos níveis de confiabilidade, o suficiente para reduzir, ou mesmo evitar, a ocorrência de falhas. Primordialmente, é necessário estabelecer uma especificação técnica de desempenho que contenha critérios para definir um desempenho aceitável, de modo a responder questões críticas, como: quais são os aspectos importantes da forma, do ajuste na colocação, e da função do produto em si? Por quanto tempo o produto deve permanecer em uso? Quais são os fatores tensionadores, tanto previstos quanto imprevistos?

Portanto, os fundamentos do gerenciamento do ciclo de vida útil do produto devem ser considerados atentamente nesse contexto (1).

10.26 ANÁLISE DE MODOS E EFEITOS DE FALHAS

Do mesmo modo que a análise de falhas requer uma abordagem multidisciplinar, o projeto/design de um produto que seja capaz de não apresentar o mesmo tipo de falha, também. Projetistas, especialistas em ciência de materiais e em controle de qualidade, engenheiros e fabricantes devem contribuir para que uma análise de modos e efeitos de falhas (em inglês, *Failure Mode and Effects Analysis* –FMEA) seja bem-sucedida (1).

O procedimento de FMEA inclui examinar cada item, considerando como cada um pode falhar e, então, determinando como essa falha pode afetar a operação de todo o componente ou sistema. O processo de identificação dos possíveis modos de falha e a determinação dos seus efeitos ajuda o analista a desenvolver um entendimento mais profundo das relações entre os diferentes componentes do sistema e a realizar qualquer mudança necessária para eliminar ou mitigar os possíveis efeitos indesejáveis de uma falha.

As etapas necessárias para realizar um procedimento de FMEA incluem (1):

- identificar todos os modos de falhas de itens que compõem o produto;
- determinar o efeito da falha para cada modo, tanto localmente quanto em uma visão geral do sistema que está sendo analisado;
- classificar a falha por seus efeitos na missão e na operação do sistema;
- determinar a probabilidade de ocorrência da falha;
- identificar como o modo de falha pode ser detectado, o que é especialmente importante para configurações e critérios de tolerância de falha;
- identificar quaisquer medidas, providências ou mudanças de projeto/design que possam mitigar os efeitos das falhas.

Algumas atividades que se constituem como complementos da FMEA, e agregam valor a cada etapa do ciclo de desenvolvimento do produto, podem ser desenvolvidas, e são descritas a seguir, nas Figuras 30 e 31 (1).

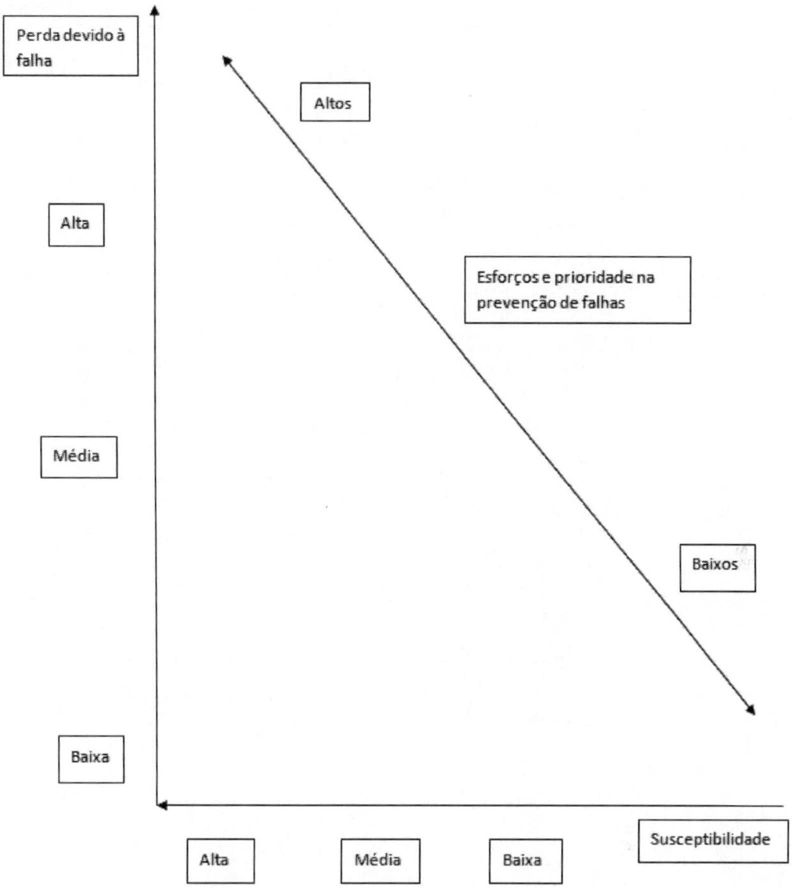

Figura 30 – priorização de esforços para prevenção de falhas.

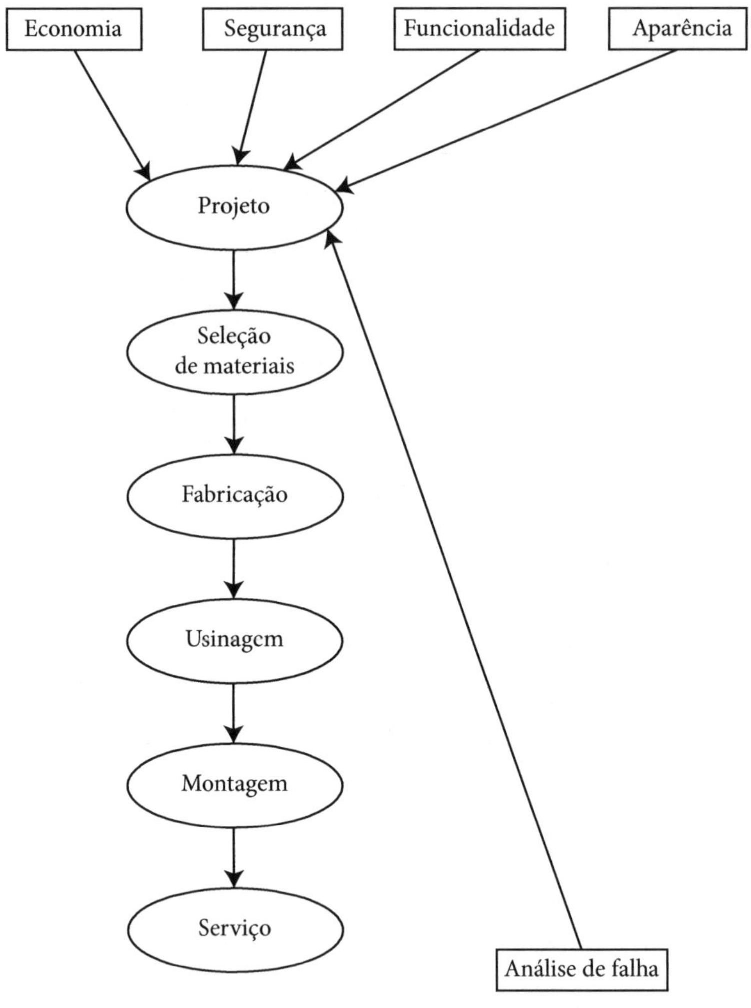

Figura 31 – retorno de informações obtidas com uma análise de falhas, resultando na evolução de um projeto.

10.27 APLICAÇÃO DE CÓDIGOS, NORMAS E REGULAÇÕES

A necessidade de garantir a permutabilidade e compatibilidade de partes e a importância dos fatores de segurança na concepção do projeto/design levaram ao desenvolvimento de códigos, normas e regulações. Em geral códigos são considerados coletâneas de leis ou regulações que resultam da legislação de controle de atividades. O termo *norma* é frequentemente equiparado, na prática, às chamadas especificações. No entanto, de um modo geral, as especificações são consideradas como padrões que se aplicam a situações mais específicas e especializadas, e as normas são documentos de uso mais geral, que podem ser classificados em diferentes categorias, descritas a seguir (1):

- regulações governamentais, como os requisitos estabelecidos e ordenados pelo governo (os de segurança e de saúde, por exemplo);
- normas governamentais, como especificações militares e civis;
- normas consensuais, geralmente estabelecidas por organizações não governamentais, como a ABNT, a ASTM, a ISO e suas congêneres, em vários países;
- normas estabelecidas por diferentes associações técnicas, comerciais e industriais;
- normas corporativas, estabelecidas externa e internamente por empresas fornecedoras e consumidoras, nas suas relações de compra e venda;
- normas de boas práticas de trabalho;
- normas estabelecidas com base nas expectativas de consumidores.

Essas normas incluem as chamadas *normas obrigatórias*, como as que são publicadas pelas agências governamentais. Também existem as normas que não são governamentais, mas que adquirem caráter obrigatório nas transações entre produtores e consumidores. Igualmente, devem ser consideradas as normas públicas estabelecidas por associações técnicas que especificam as características de materiais e produtos. Uma particularidade importante e que deve ser observada em todas essas normas é a necessidade de atualização periódica dos dados que elas contêm, visto que eles podem ficar defasados ao longo do tempo, bem como a reedição destas, dependendo da evolução natural da aplicação dos produtos (1).

10.28 FATORES DE SEGURANÇA E CONFIABILIDADE

Um importante fator na concepção de um projeto/design é o de segurança, que tem influência decisiva no desenvolvimento dos conceitos de prevenção de falhas em códigos e normas. Um fator de segurança é, geralmente, definido como a razão entre a carga que provoca a falha e a carga prevista, quando ele se aplica a valores de tensões. Contudo, o mesmo conceito pode ser aplicado à tenacidade, à fratura, à ductilidade no forjamento, à qualidade de produtos fundidos e a quaisquer outros critérios de previsão de falhas que possam ser necessários em certas aplicações. Na verdade, somente o projeto/design e a fabricação adequados não são suficientes para garantir que um produto consiga desempenhar de modo adequado a função para a qual foi destinado. O fator de segurança deve considerar um mundo imperfeito, incluindo tolerâncias de fabricação ou de construção, a variabilidade das características dos materiais utilizados, fatores imprevistos que aumentem as tensões atuantes e os efeitos do envelhecimento ou da deterioração do material ao longo do tempo. Exemplo disso é um código que especifique tensões admissíveis em um material que sejam muito inferiores à resistência mecânica deste. O advento dos novos materiais e do projeto de engenharia em computador permitiu reduzir os níveis de incerteza e, também, o valor do fator de segurança ao longo dos anos. A seleção de um fator de segurança adequado para um determinado produto inclui considerações relativas a (1):

- grau de incerteza em relação ao carregamento;
- grau de incerteza em relação à resistência dos materiais;
- grau de incerteza em relação às cargas aplicadas ao produto, em comparação à resistência dos materiais que o compõem;
- consequências da falha em termos de segurança e aspectos econômicos;
- custo associado à escolha de um elevado fator de segurança.

Os valores de fator de segurança geralmente recomendados para um desempenho adequado são da ordem de 1,25 a 1,50 quando os materiais são excepcionalmente confiáveis. Assim, esses fatores são utilizados em condições controladas, com frequentes inspeções e serviços de manutenção, e são submetidos a cargas e tensões que são determinadas com relativa certeza, por meio de ensaios e testes que envolvem a análise de amostragem significativa de materiais. Fatores desse tipo são usados na maioria dos casos em que o baixo peso é uma consideração particularmente importante (1).

Mais frequentemente, os fatores de segurança adotados ficam na ordem de 3 a 4, ou até mesmo acima, quando as cargas e os materiais e suas propriedades não são conhecidos satisfatoriamente. Valores mais altos de fator de segurança também são aplicados em situações em que cargas cíclicas são aplicadas, tensões de impacto são atuantes, materiais são mais frágeis ou existe alguma outra característica que acarreta significativa incerteza. Em suma, o fator de segurança adequado é determinado de acordo com os requisitos do código ou da norma que se aplica àquela situação específica considerada.

O conceito de confiabilidade está intimamente relacionado ao de segurança, que normalmente envolve uma abordagem estatística. Diante disso, uma pergunta pode ser feita: se muitas peças idênticas são colocadas em uso, qual seria a taxa de ocorrência de falhas aceitável? A utilidade de uma abordagem de confiabilidade depende da disponibilidade de informações adequadas sobre a distribuição estatística de cargas aplicadas em componentes em serviço, bem como da distribuição estatística da resistência mecânica, resultante das bateladas de componentes fabricados. Essas variáveis são usadas nos vários modelos estatísticos que podem prever a falha e comparar a taxa de ocorrência de falhas com os padrões considerados aceitáveis (1).

10.29 SELEÇÃO DE MATERIAIS

O projeto/design do componente e a seleção de materiais são de fundamental importância para ações que têm por objetivo minimizar a ocorrência de falhas e, assim, garantir confiabilidade ao componente. A seleção adequada do material mais apropriado para uma determinada aplicação é fortemente dependente do tipo de produto e do tipo de situação na qual este se encontra. Todos os requisitos funcionais e ambientais devem ser considerados, de modo a satisfazer os requisitos previstos no projeto/design, assim como as considerações econômicas que são necessárias. Além disso, é preciso dispor de significativa competência em engenharia para assegurar que a seleção resulte na escolha de um material que atenda aos quesitos de funcionamento naquelas condições de serviço, considerando, também, os fatores que causam ou ampliam tensões, pois, frequentemente, trocas são necessárias.

Uma das considerações mais frequentes na seleção de materiais é a determinação de propriedades mecânicas desejadas. Por exemplo, a fabricação de um componente tolerante à presença de defeitos é um objetivo que pode ser alcançado por meio da seleção de um material que seja dúctil, de modo a reduzir as possibilidades de ocorrência de fratura. A desvantagem associada a essa escolha é o fato de que a ductilidade é, normalmente, obtida por meio da redução da resistência mecânica em geral, da resistência ao desgaste e da resistência à deformação. De modo a obter ductilidade e, simultaneamente, a resistência ao desgaste, é necessário selecionar e realizar um processo de tratamento de superfície, como a cementação. Nos metais, as propriedades que devem ser consideradas tanto para garantir o cumprimento da função desejada quanto para reduzir as probabilidades de falha incluem (1):

- resistência mecânica;
- resistência ao escoamento;
- módulo de elasticidade;
- ductilidade, definida pelo alongamento percentual;
- resistência à fadiga;
- dureza;
- resistência ao cisalhamento;
- usinabilidade;
- coeficiente de atrito/fricção;
- resistência ao impacto;
- resistência à corrosão;
- densidade;
- coeficiente de expansão térmica;
- condutividade térmica;
- resistividade elétrica;
- outras propriedades físicas.

Essas propriedades relacionadas anteriormente são mais importantes para materiais metálicos. No caso de outros tipos de materiais, como cerâmicos e poliméricos, nem todas elas são, e há também propriedades que são importantes para materiais cerâmicos e poliméricos, mas que não são para materiais metálicos (1).

10.30 OPERAÇÃO, MANUTENÇÃO E INSPEÇÃO

Para alcançar o objetivo de atingir o tempo de vida útil previsto para um componente ou sistema, prevenindo ou minimizando a ocorrência de falhas, é necessário que o operador/usuário seja capaz de executar essa função e a de manutenção, de acordo com os padrões estabelecidos. Tal processo, na verdade, começa com a definição das condições adequadas de operação pelo fabricante, durante as etapas de desenvolvimento e testes do produto. Além de um produto devidamente testado, é necessário que seja entregue, simultaneamente, um manual de instruções ao usuário. As informações contidas nele devem abranger instruções para a instalação, recomendações de métodos para ativação, uso e desligamento do componente ou sistema, e recomendações ou requisitos para sua manutenção (1).

A responsabilidade também cabe ao fabricante, no sentido de buscar prever o uso inadequado de um produto e alertar o consumidor, de forma suficientemente clara, para os perigos e riscos associados à utilização incorreta. Tipicamente, avisos devem ser comunicados aos usuários por meio de textos específicos no manual de instruções de uso, em rótulos afixados no produto ou por anúncios públicos divulgados pelos fabricantes ou por agências governamentais. Tais anúncios devem diferenciar claramente riscos de ferimentos ou de morte, e riscos de danos ao produto. O conteúdo desses anúncios também deve distinguir entre riscos óbvios e não óbvios.

A manutenção adequada dos produtos é de primordial importância para estimar ou calcular o tempo de vida útil em serviço. O usuário, ou mesmo o proprietário, é o principal responsável pela adequada conservação de componentes ou sistemas. Todavia, inicialmente, a responsabilidade também cabe ao fabricante, no sentido de desenvolver um plano adequado de manutenção para as condições de serviço previstas. Metodologias como a manutenção centrada em confiabilidade podem ser usadas para conceber planos que otimizem requisitos apropriados para tipos específicos de produtos em aplicações também específicas. É muito necessário enfatizar a importância de componentes e sistemas com maior impacto na ocorrência de uma falha. Como exemplos disso, podem ser citadas as indústrias petroquímica e de processamento químico, que utilizam métodos detalhados para a prevenção de ocorrência de falhas por corrosão (1).

Planos de manutenção podem ser simples – a limpeza periódica de uma torradeira doméstica é um exemplo. Por outro lado, um plano de manutenção pode ser tão complexo quanto um sistema completo de gerenciamento de produto que envolva inspeções regulares, serviços e programação de substituições de peças, considerando o tempo de vida útil previsto para cada peça. No entanto, esses sistemas complexos são reservados para equipamentos de alta responsabilidade, como aeronaves. Um plano dessa envergadura pode abranger a atualização de manuais de manutenção, o treinamento do pessoal que executa os serviços de manutenção, a aquisição de peças de reposição, a implementação de diretrizes de manutenção e outras atividades.

As atividades de manutenção e de conserto/reparo podem ser providenciadas (1):

- pelo fabricante, principalmente no caso de sistemas especializados, complexos e críticos, ou no caso de produtos com pequenos volumes;
- por uma empresa aprovada para reparo ou revisão, muito frequentemente contratada por fabricantes de aeronaves e outros sistemas especializados,

complexos e críticos no caso de produtos com volumes moderados ou grandes;

- por empresas independentes que fornecem serviços de reparo, no caso de sistemas menos complexos, mas com grandes volumes, como, por exemplo, em postos de serviços para automóveis;
- pelo usuário final, no caso de sistemas simples, como máquinas usadas na conservação de jardins.

Essas opções foram relacionadas em ordem decrescente de atuação do fabricante nas atividades de manutenção/reparo. A escolha adequada de um bom fornecedor desses serviços pode evitar a ocorrência de falhas, melhorando o tempo de vida útil em serviço e a confiabilidade de um produto ou sistema (1).

Uma atividade muito importante nesse contexto do plano de manutenção, principalmente no caso de sistemas complexos ou críticos, é a de inspeção, que, caso bem conduzida, é muito eficaz na prevenção da ocorrência de falhas. De um modo geral, é essencial programar atividades de inspeção periódica, principalmente para sistemas críticos, nos quais a redução dos riscos de segurança e de saúde é desejável ou necessária. Outras condições que exigem a programação de atividades de inspeção periódicas incluem situações em que a parada de equipamentos para a realização de atividades de manutenção/reparo acarreta elevados custos, como é o caso de fábricas de papel, que produzem sob demanda muito frequente, ou de subestações de energia elétrica, frequentemente sujeitas a picos de consumo.

As atividades de inspeção identificam indícios de degradação ou de perda de função de um equipamento, ou condições de serviço que não foram previstas. Setores que exigem um plano de inspeções periódicas são os de saúde e de segurança. No caso de tanques, vasos de pressão e tubulações que armazenam ou transportam substâncias potencialmente perigosas, são realizadas regularmente inspeções visuais e por ensaios não destrutivos, documentando-se qualquer indício de corrosão interna e externa, soldas defeituosas e outros tipos de juntas que possam apresentar vazamentos; suportes inapropriados, falhas em revestimentos e outros tipos de defeitos, de acordo com as normas do setor, que podem ser emitidas por entidades como a *American Society for Mechanical Engineers* (ASME) e a *American Petroleum Institute* (API). Outros setores que são regularmente inspecionados são os de alimentos, remédios e o aeronáutico (1).

10.31 APRENDIZADO E ASSIMILAÇÃO DE LIÇÕES

Uma análise de falhas conduzida de maneira adequada, incluindo análise de causa raiz, pode proporcionar informações valiosas sobre o projeto/design e o processo de produção de um sistema ou produto. Entretanto, somente a implementação dessa análise, ainda que completa, não é suficiente para garantir que os ganhos advindos desse processo serão completos. Os resultados devem ser comunicados sob a forma de ações corretivas, recomendadas no âmbito do estágio adequado do ciclo de vida do produto. A realização e a verificação dessas ações devem ser conduzidas de forma a garantir a obtenção de um resultado consistente em termos de prevenção de falhas. É fundamental organizar reuniões multidisciplinares de aprendizado de lições para debater os resultados da análise de falhas, garantindo a comunicação adequada, particularmente em empresas de grande porte, com os muitos departamentos envolvidos na evolução de um mesmo produto.

10.32 IMPLEMENTAÇÃO DE AÇÕES CORRETIVAS

Uma vez concluído o processo da análise de falhas e da identificação das causas raízes, a próxima etapa da prevenção de futuras falhas abrange o desenvolvimento, a verificação e a implementação de um plano de ações corretivas. Geralmente, os planos desse tipo envolvem um ou mais dos três tipos de planos, a saber: de curto prazo, de médio prazo e de longo prazo.

Os planos de ações corretivas de curto prazo englobam tarefas simples, selecionadas para maximizar o impacto na operação de uma máquina ou sistema, como (1):

- reparar a máquina ou o sistema inativo para colocá-los novamente em serviço;
- identificar e gerenciar os fatores que podem ter causado a falha;
- modificar as condições ambientais do local de serviço, tornando-o menos agressivo, se possível;
- emitir alertas para outros usuários ou responsáveis pela manutenção.

Enquanto essas ações podem ser efetivas para garantir a operação contínua de uma máquina ou de um sistema, o tempo total de serviço ganho geralmente é limitado. Assim, ações corretivas de médio prazo podem ser desenvolvidas, como a implementação de reparo em campo modificação do projeto/design e a retromontagem/reequipamento em campo, em locais/oficinas de conserto, ou na fábrica.

A prevenção da recorrência da falha em longo prazo envolve a implementação de medidas de longo prazo, como refazer o projeto e implementar o projeto refeito por retromontagem/reequipamento ou por desgaste físico.

10.33 PADRONIZAÇÃO DE AÇÕES CORRETIVAS

A prevenção da recorrência de falhas pode exigir ações corretivas desenvolvidas por meio de uma análise de causa raiz, que deve ser conduzida de forma muito mais abrangente do que somente para o produto que falhou. Se outros produtos semelhantes estão em serviço, podendo haver risco de falha, eles devem ser incluídos no rol daqueles a serem submetidos às ações corretivas anteriormente planejadas (1).

Algumas ações corretivas são desenvolvidas internamente, no âmbito do processo produtivo, e padronizadas pelo fabricante, sendo classificadas como normas intradivisionais ou de âmbito corporativo, como é o caso das instruções utilizadas na etapa de projeto/design. Associações de indústrias frequentemente adotam ações corretivas e lições aprendidas em normas emitidas nos Estados Unidos e, muitas vezes, seguidas também por outros países: ASME, API, AWS (*American Welding Society*), SAE (*Society of Automotive Engineers*), ANSI (*American National Standards Institute) e ASTM (American Society for Testing and Materials*). Mundialmente, normas desse tipo podem ser emitidas pela ISO (*International Organization for Standardization*). No Brasil, as normas são estabelecidas pela ABNT (*Associação Brasileira de Normas Técnicas*). De um modo geral, a análise de falhas, incluindo a análise de causa raiz, pode contribuir muito para a prevenção da recorrência de falhas de produtos industriais (1).

10.34 A IMPORTÂNCIA DA SELEÇÃO DE MATERIAIS NA PREVENÇÃO DE FALHAS

A seleção de materiais é uma atividade de engenharia de fundamental importância, tanto no projeto/design quanto na análise de falhas. Na etapa de projeto/design, a seleção de materiais pode ser um processo iterativo e complexo que pode proporcionar o alcance de alguns tipos de objetivos de engenharia para um determinado componente. A seleção de materiais é apenas uma de várias etapas desse amplo processo/design, que pode englobar uma ampla gama de relações no âmbito de considerações sobre a função/o funcionamento, a forma, os materiais e os processos de fabricação. No passado, um projeto de engenharia era conduzido em um procedimento sequencial, cabendo, ao final do processo, as decisões sobre os materiais utilizados na fabricação. Após a identificação dos requisitos de dimensões e propriedades, o material com menor custo, mas capaz de atender a esses requisitos, deve ser selecionado. Esse critério é mais comum quando há menor margem de escolha de materiais, ou quando os produtos a serem fabricados não exigem tanta sofisticação no projeto/design ou no processo de fabricação. À medida que aumentam e sofisticam-se os requisitos de eficiência de projeto, otimização de desempenho, competitividade econômica, minimização de impactos ambientais, minimização de riscos à segurança e maximização da confiabilidade, inclusive do ponto de vista jurídico, os métodos mais atualizados de seleção de materiais são cada vez mais considerados como um procedimento simultâneo e integral dentro de todo o processo de projeto/design, mesmo durante as etapas iniciais deste (1).

A seleção de materiais e o projeto/design estão intimamente relacionados aos objetivos principais da análise de prevenção de falhas, a tal ponto que essa relação não é tão facilmente percebida pela maioria dos engenheiros. A análise de falhas incrementa e melhora o desenvolvimento de um processo de fabricação ao proporcionar, em tempo real, a identificação de inadequações de projeto/design, criando, assim, oportunidades para sua otimização. A atividade de buscar a causa raiz de uma falha exige, muitas vezes, tanto a capacidade de imaginação quanto a concepção dos detalhes de um produto em um projeto/design original. De fato, a análise de falhas pode ser considerada, figurativamente, como uma remontagem de um componente a partir de sua condição original, ou como um projeto/design reverso. Como exemplo, a Figura 32 representa um diagrama comparativo com as etapas de cada processo: projeto/design e análise de falhas.

O conceito básico de cada processo diverge do outro: enquanto o projeto/design é um processo de síntese e análise das condições reais de um componente hipotético ou factual, a análise de falhas promove uma dissecação ou desmontagem de um dado componente, de modo a sintetizar e compreender o significado de um projeto/design/ hipotético em uma certa falha. É importante observar que a análise e a síntese de fatores de engenharia são muito relevantes nas diferentes áreas de cada processo, embora as etapas individuais, em cada processo, contenham ambos (1).

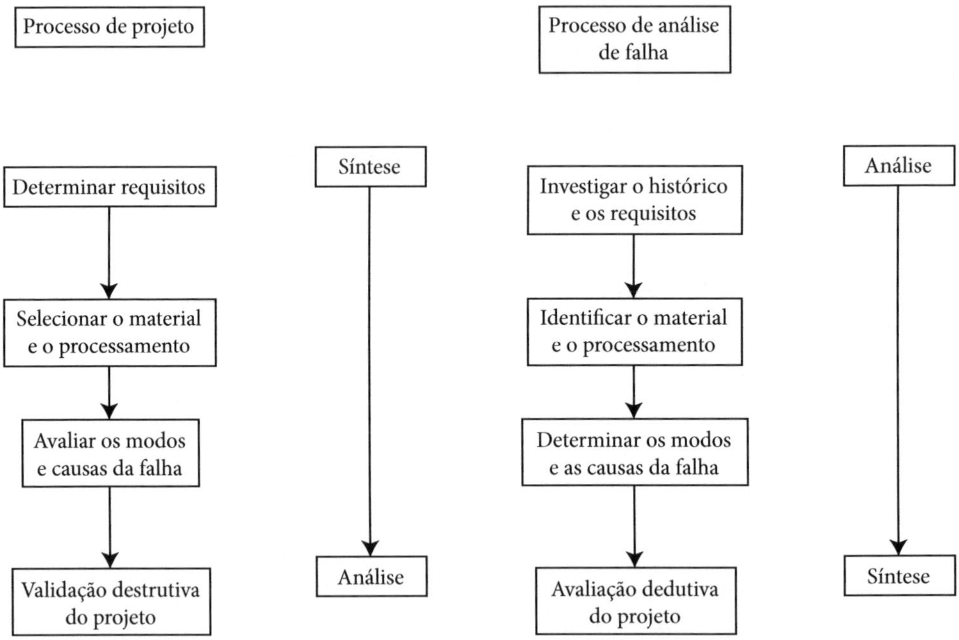

Figura 32 – diagrama: etapas e funções dos processos de projeto/design e de análise de falha.

A seleção de materiais amplifica e auxilia a análise de falhas de várias maneiras. Claramente, um dos objetivos principais de todo projeto/design é evitar a ocorrência de falhas, que podem ser definidas como evidências da perda da capacidade de um produto ou componente de executar suas funções completa e adequadamente. Desse modo, um analista de falhas precisa compreender os princípios básicos envolvidos nas práticas de projeto/design de produtos e de seleção de materiais a serem utilizados na fabricação destes, como ferramentas básicas na prevenção de falhas. Contudo, ele também deve reconhecer os efeitos sinérgicos das condições de serviço, dos defeitos da fabricação e das características ou propriedades dos materiais, que nem sempre estão previstos em axiomas e atributos discretos de um processo de projeto/design. Desse modo, o analista de falhas, em componentes e produtos, pode proporcionar diferentes pontos de vista para metalurgistas e outros engenheiros envolvidos com o projeto/ design e com a seleção de materiais em geral (1).

Em alguns casos, o projeto/design pode ser um processo imitativo, no qual uma versão bem-sucedida é adaptada para algum tipo de aplicação que tem certas semelhanças, porém, algumas diferenças nas condições de serviço. O conceito de projeto/design imitativo tende a assumir que as condições de serviço são semelhantes, que os materiais e o processamento são os mesmos e que o conhecimento técnico aplicado na outra situação é completo e análogo. Contudo, a utilização de um projeto/design prévio como padrão generalizado acarreta imprecisões associadas a aproximações ou considerações que podem ignorar ou minimizar efeitos sinérgicos das condições de serviço, dos efeitos resultantes da fabricação e das características de materiais, que podem variar significativamente. Por exemplo, é fácil imaginar que um componente montado em uma estrutura tenha resistência mecânica suficiente para aquela aplicação, quando, na verdade, a parte da carga mecânica que lhe cabe pode ter sido deslocada e acomodada pela estrutura que o envolve (1).

Neste texto, o objetivo não é apresentar uma revisão completa sobre os conceitos de seleção de materiais, que são abordados com muito mais profundidade em outras literaturas mais específicas, mas, sim, ressaltar os seus principais aspectos, que estão envolvidos com a análise e a prevenção da ocorrência ou recorrência de falhas, incluindo a análise da causa raiz de cada falha. Além disso, cada fábrica dispõe de muitos requisitos específicos, normalmente organizados sob a forma de especificações técnicas, procedimentos operacionais e instruções de operação de equipamentos, geralmente emitidos dentro da própria empresa e seguidos pelos funcionários operacionais, além das normas de âmbito nacional ou mundial, emitidas pelas diversas associações técnicas e comerciais; e das leis e dos estatutos estabelecidos por entidades governamentais. Desse modo, o debate é mais conceitual e aborda os seguintes tópicos (1):

- Projeto/design e prevenção de falhas.
- Seleção de materiais no âmbito do projeto/design.
- Seleção de materiais com foco na prevenção de falhas.
- Seleção de materiais e sua interface com a análise de falhas.

É importante reconhecer que a seleção de materiais é apenas um aspecto do processo do projeto/design. Assim, faz-se necessário abordar inicialmente a relação entre projeto/design e a prevenção de falhas, e, depois, a relação entre seleção de materiais e projeto/design, que abrange a função do engenheiro de materiais no contexto do projeto/design e da seleção de materiais, tanto na prevenção quanto na análise de falhas. Finalmente, é abordada a importância da seleção de materiais para a prevenção e a análise de falhas (1).

10.35 PROJETO/DESIGN E PREVENÇÃO DE FALHAS

A base de toda a engenharia está contida no projeto/design, tanto é que os termos *projeto* e *engenharia* são frequentemente considerados sinônimos. O objetivo primordial de todo projeto/design é desenvolver um componente ou uma estrutura útil que consiga desempenhar uma função definida, do modo mais seguro possível. Assim, a prevenção de uma falha, geralmente definida como qualquer tipo de perda no desempenho da função à qual o produto se destina, é a principal preocupação de qualquer engenheiro dedicado ao processo de criação de um projeto/design. Definindo de modo bastante simples e direto, a principal proposta de todo projeto/design é prever, minimizar ou evitar qualquer tipo de falha.

Em geral, todo projeto/design requer conhecimentos específicos de engenharia e, para ser realizado, utiliza uma ampla variedade desses conhecimentos diversificados, como (1):

- Engenheiros civis projetam estruturas de grandes dimensões, como pontes, estradas, edifícios, usinas de energia elétrica, adutoras e outras obras dessa envergadura. Códigos e normas regulam muitas das características dos materiais e dos projetos associados a essas grandes estruturas, devido a requisitos de segurança. O projeto/design de engenharia civil tipicamente utiliza materiais que se destacam pela confiabilidade, superando até mesmo a economia, sem apostar em materiais exóticos ou pouco conhecidos.
- Engenheiros mecânicos projetam uma grande variedade de componentes, como vasos de pressão, veículos e máquinas de todo tipo. Esses projetos frequentemente preveem o movimento de peças e o uso de materiais específicos com requisitos de alto desempenho. No âmbito desse tipo de projeto, a seleção de materiais pode incluir grande variedade de materiais e processos de fabricação. Muitos códigos e normas também são aplicados nos projetos de engenharia mecânica, que abrangem uma gama de equipamentos tão ampla que os projetistas devem dispor de conhecimentos suficientes para englobar as funções específicas de cada um deles.
- Engenheiros químicos tipicamente utilizam materiais propostos para aplicações em fábricas, usinas e plantas de processamento químico e petroquímico, com requisitos de projeto, que incluem propriedades de boa resistência a corrosão, em qualquer tipo de temperatura.

Muitos outros ramos da engenharia abrangem requisitos específicos para o projeto/design e a seleção de materiais. Por exemplo, no caso da engenharia elétrica, as propriedades físicas/eletromagnéticas são muito mais importantes do que as propriedades mecânicas. E, do mesmo modo, cada um dos outros ramos da engenharia, como a industrial, a automotiva, a de soldagem, a de mineração, a aeroespacial, a nuclear e a da computação, estabelece como prioridades determinadas características e propriedades, que podem ser diferentes daquelas consideradas mais importantes por outras áreas da engenharia, e, assim, requerem conhecimentos específicos diferentes, que devem ser considerados na elaboração de um projeto/design. O projeto/design de engenharia geral pode ser descrito como um procedimento iterativo, que se divide em duas etapas básicas (1):

- a criação de um projeto/design conceitual, que envolve a definição da especificação de um produto, com suas funções básicas, assim como um conceito físico fundamental e uma configuração preliminar para satisfazer funções básicas desejadas;

- o detalhamento do projeto/design, que envolve tanto a definição qualitativa de uma configuração de componentes quanto a análise quantitativa de parâmetros do projeto/design, como dimensões, tolerâncias, propriedades de materiais e demais dados quantitativos que possam contribuir para a determinação de uma configuração final para um determinado produto, sistema ou estrutura montada.

A iteração é uma característica primordial em qualquer etapa de um processo de elaboração de um projeto/design, como pode ser visto na Figura 33 (1).

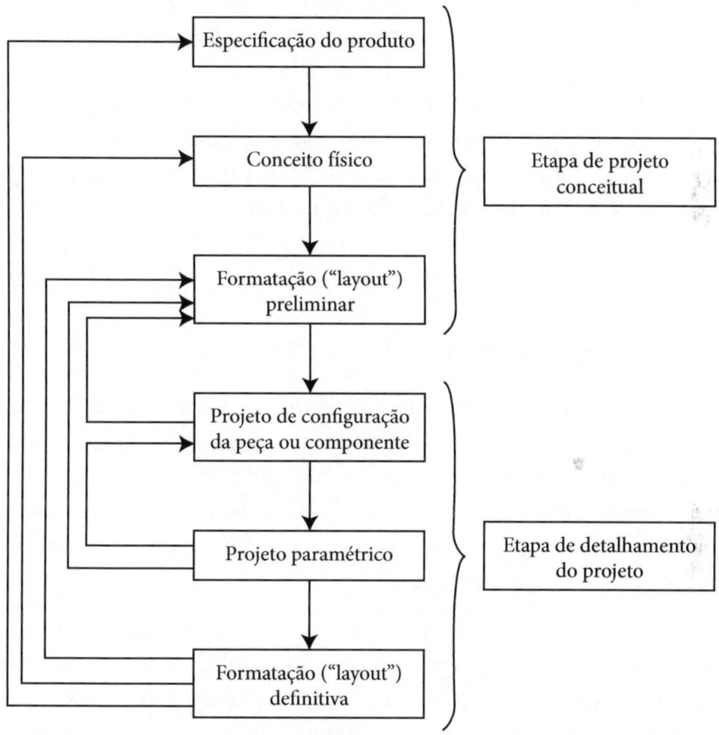

Figura 33 – diagrama: etapas de um processo iterativo de elaboração de um projeto/design.

O projeto de engenharia pode ser considerado como de iteração guiada, direcionada, que consiste em uma metodologia de resolução de problemas que leva à formulação de um problema, à geração de soluções alternativas e, então, à avaliação dessas alternativas, que, caso apresentem resultados inaceitáveis, levarão à reformulação, parcial ou total, desse projeto/design. Essa metodologia é fundamental para processos de projeto/design e é repetida várias vezes durante o planejamento de um produto complicado, envolvendo a seleção de materiais, a configuração de componentes, o estabelecimento de valores numéricos para parâmetros como dimensões e tolerâncias, entre outros (1).

Projetistas e engenheiros de materiais são participantes fundamentais nesse processo iterativo, mas a análise de falhas também precisa considerar e compreender as funções e atividades do processo de elaboração de projetos de engenharia. Isso proporciona a base para identificar possíveis causas raízes, técnicas de percepção da origem das falhas e, também, recomendar ou propor iterações adicionais ao projeto, como base proativa ou uma lição aprendida.

Assim, as etapas básicas do projeto de engenharia serão sucintamente descritas a seguir, começando pela etapa de projeto conceitual e terminando com uma breve exposição dos métodos de avaliação de riscos em projetos. Contudo, o principal foco está no projeto de partes e componentes, e não no de montagens e sistemas. Estes últimos podem conter muitos componentes que apresentam parâmetros, como dimensões, tolerâncias e propriedades, cujos valores vão muito além daqueles previstos para outros componentes. Por exemplo, quando o sistema envolve interação humana, o processo de elaboração do projeto deve considerar a influência de fatores humanos. Isso inclui não apenas os fatores humanos no projeto de um equipamento, mas também uma ampla variedade de atividades, que podem abranger métodos e procedimentos operacionais, bem como a avaliação e a testagem destes e todo o contexto de seleção e treinamento de pessoas para o desempenho de atividades que exigem certo nível de qualificação técnica (1).

10.36 PROJETO CONCEITUAL

A primeira etapa de qualquer projeto é determinar o conceito básico que norteará o funcionamento do produto. Isso inclui os princípios físicos e um modelo físico abstrato, que utilizará tais princípios para alcançar a desejada funcionalidade. Podem existir projetos conceituais muito simples, de peças muito simples, mas, em geral, não existe uma única solução para implementar um conceito físico, embora este e a função do produto estejam inexoravelmente ligados (1).

Quando um produto é mais complexo, exigindo montagens de várias partes, o conceito físico do sistema ou da montagem terá de ser decomposto em um conjunto de partes funcionais. Esse é o caso de um automóvel, por exemplo. Assim, os princípios físicos que requerem suficiente informação sobre cada uma dessas partes, ou conjuntos de partes, interagirão com as demais, de modo a satisfazer e realizar todas as funções requeridas para aquele produto. O termo *decomposição* é utilizado, de um modo geral, para descrever a parte do processo de projeto que identifica os conjuntos que compõem uma montagem e que podem resultar em um produto ou em uma estrutura maior e mais complexa. Isso se aplica perfeitamente a produtos com uma certa complexidade, como é o caso de um automóvel (1).

10.36.1 A DECOMPOSIÇÃO NO PROJETO CONCEITUAL

Dois métodos básicos são utilizados no projeto conceitual: a decomposição física e a decomposição funcional. Muitos conceitos de projetos são baseados no método da decomposição física, quando projetos imitativos são utilizados com uma funcionalidade implícita. A decomposição de um automóvel em seus vários componentes, como motor, estrutura, sistema de direção, carroceria e outros, é um exemplo de decomposição física. Esse método é bastante comum, porém, o de decomposição funcional também traz vantagens. Na decomposição funcional, o conceito de projeto é definido puramente em termos de funções, com os corpos ou invólucros físicos, ou configurações, sendo selecionados somente para cumprir determinadas funções. No automóvel, por exemplo, a função do motor é converter uma fonte de energia correspondente a um tanque de combustível a bordo em potência rotacional mecânica. Geralmente, essa função é cumprida por um motor de combustão interna, mas também pode ser por um motor elétrico, uma tendência cada vez mais crescente em vários países, por motivos ecológicos, estratégicos e, talvez, até econômicos; outra opção é o motor a gás, uma tendência crescente, além de várias possíveis alternativas. No caso de um produto tradicional, como o automóvel, as fontes de energia alternativas podem até ser conhecidas ou familiares, mas, no caso de um produto novo, a vantagem da decomposição funcional é que ela estimula os projetistas a considerarem várias possibilidades para o cumprimento de uma determinada função, em vez de escolherem a mais comum que venha à mente (1).

O propósito integral da decomposição é proporcionar uma descrição sistemática das partes que compõem uma montagem ou um sistema. Para um conceito inicial, geralmente é suficiente realizar apenas um único nível de decomposição física ou funcional. No entanto, cada subconjunto da montagem ou do sistema, por sua vez, deverá ser decomposto em componentes menores, e estes, eventualmente, em partes ainda menores, dependendo da complexidade do sistema. Desse modo, a decomposição conceitual é um processo que se repete até que não seja mais possível executá-lo, por chegar ao nível mais baixo ou mais simples, no qual não cabe mais decomposição de espécie alguma, existindo somente peças individuais. É importante ressaltar que a decomposição física e a decomposição conceitual não são mutuamente exclusivas, ou seja, uma não invalida a outra; ambas podem ser realizadas simultaneamente em um mesmo projeto (1).

10.36.2 PROJETO CONCEITUAL DE UMA PEÇA

Quando se completa o processo de decomposição conceitual e uma lista de peças é obtida, a etapa seguinte é o projeto conceitual de cada peça. O projeto conceitual de uma peça envolve as seguintes etapas (1):

- determinar se uma peça é realmente necessária;
- identificar as funções requeridas para determinada peça;
- selecionar o material e o processo de fabricação para ela.

A definição de função de uma peça é o objetivo essencial de um projeto conceitual, porém, uma mesma peça pode ter mais de uma função, assim como uma determinada função pode ser cumprida por mais de uma peça, dependendo de aspectos técnicos, como a melhoria do processo de fabricação, ou comerciais, como a redução de custos.

Por razões econômicas, o processo de projeto conceitual pode levar à possibilidade de eliminação de uma peça ou de combinação de funções, pois fabricar uma peça mais complexa pode ter um custo menor do que fabricar duas peças mais simples, para juntas executarem a mesma função. Esta etapa envolve considerações sobre características de materiais e custos de fabricação, com critérios racionais para determinar se uma peça pode ser fabricada a partir de componentes separados (1).

O processo do projeto conceitual pode também envolver pelo menos uma decisão preliminar sobre o tipo de material a ser usado e o processo de fabricação escolhido. Nessa etapa, é necessário definir um conceito físico de material e de processo de fabricação, pois a maioria dos projetos não pode prosseguir sem tais informações. Uma abordagem simples em quatro níveis para a seleção de materiais pode ser detalhada para se adequar a um projeto de engenharia (1):

- Nível I: com base em propriedades críticas para uma certa aplicação, determina-se se a peça será fabricada com um material metálico, polimérico, cerâmico ou compósito.
- Nível II: determina-se se as peças metálicas serão produzidas por um processo de trabalho mecânico de deformação plástica ou se por um processo de fundição ou de lingotamento. No caso de materiais poliméricos, determina-se se serão utilizados os termoplásticos ou termofixos.
- Nível III: estreitam-se as opções de materiais dentro de uma determinada categoria, o que é muito importante. Materiais metálicos podem ser subdivididos em diferentes categorias, como os aços-carbono, os aços inoxidáveis e as ligas de cobre. Materiais poliméricos podem ser subdivididos em classes específicas de termoplásticos e termofixos, como os policarbonatos e poliésteres.
- Nível IV: seleciona-se um material específico, de acordo com normas, especificações técnicas e demais documentos que podem nortear o uso dos materiais para determinada aplicação.

Nessa abordagem, a seleção de materiais e de processos de fabricação é um procedimento progressivo de estreitamento de uma ampla variedade de possibilidades para a seleção de um material específico e de um processo de fabricação determinado. Os níveis I e II geralmente são suficientes para o projeto conceitual, enquanto o nível III é necessário para o projeto da configuração/montagem e, em alguns casos, para o projeto conceitual. O nível IV geralmente pode ser adiado até a etapa do projeto detalhado/paramétrico (1).

Esses quatro níveis de seleção de materiais são apenas um ponto de partida para o estreitamento de opções, porque, na verdade, um processo completo de seleção de materiais envolve a avaliação de muitos fatores, que serão detalhados a seguir. Entretanto, o ponto principal é que a seleção de materiais é um requisito primordial, com importantes consequências para o processamento, o projeto, o custo, a disponibilidade, a reciclabilidade e o desempenho do produto. Esse é o motivo pelo qual a seleção de materiais e de processos de fabricação é uma questão crítica nas etapas iniciais do projeto. Além disso, o surgimento de vários materiais novos e especializados alterou a complexidade do projeto de engenharia de tal modo que nenhum engenheiro, em uma equipe de projetos, está suficientemente familiarizado com todos os tipos que podem ser potencialmente utilizados. Quanto mais crítica uma aplicação é, mais importante se torna a seleção de materiais. A competência na seleção de materiais especializados é determinada pela complexidade do serviço crítico, que, muito frequentemente, inclui valores extremos de temperatura, tensões e condições ambientais, ou mesmo os três simultaneamente, como no caso de componentes de motores a jato. As habilidades de um engenheiro de materiais devem ser empregadas para vislumbrar as complexas interações de propriedades dos materiais e seus efeitos sinérgicos, que devem ser aproveitados por um determinado projeto. Uma conclusão lógica, particularmente para projetos de engenharia complexos e críticos, é de que uma abordagem funcional diversificada é a melhor solução. Um engenheiro de materiais pode especificar materiais e processos associados para um componente de um motor, mas não está apto para projetá-lo. De modo análogo, um engenheiro mecânico pode projetar o componente de um motor, mas geralmente não está capacitado para determinar os materiais e processos necessários para a fabricação dele (1).

10.36.3 EQUIPES INTEGRADAS PARA O DESENVOLVIMENTO DE PRODUTOS

A integração de diversos tipos de conhecimentos de engenharia no projeto e na seleção de materiais é importante, mesmo no caso do projeto conceitual. O conceito de desenvolvimento integrado de produto (*Integrated Product Development* – IPD) permite agregar várias funções de engenharia para otimizar o projeto. Uma de suas vantagens é que os conhecimentos são introduzidos em uma etapa bastante inicial do projeto, permitindo uma fácil mudança de decisões e melhorias de baixo custo. As equipes de IPD são formadas provisoriamente em muitas organizações para a fabricação de um determinado produto, e também podem ser formadas com um caráter mais definitivo em outras, como uma espécie de equipe de suporte contínuo ao desenvolvimento de projetos (1).

Essa abordagem de IPD já demonstrou levar a resultados melhores mais rapidamente. Como exemplo, é possível dizer que a aplicação de uma abordagem IPD pode ser útil durante o projeto da configuração, descrito mais adiante, quando os projetistas inadvertidamente criam peças com características geométricas, que impõem severas restrições à seleção de processos e ainda um menor grau de liberdade disponível para a seleção de materiais. De modo semelhante, uma seleção de materiais excessivamente restritiva e independente limitará muito a escolha de processos de fabricação disponíveis. Esse é o principal motivo para a utilização de métodos IPD. Contudo, até que a abordagem IPD esteja mais comumente em uso, uma abordagem alternativa, conhecida como abordagem inicial de materiais, poderá ser útil. Essa abordagem depende de um completo entendimento do ambiente de serviço e propõe escolhas baseadas nas propriedades que possam satisfazer necessidades primordiais de desempenho para aquele produto (1).

10.37 OUTRAS ABORDAGENS E FERRAMENTAS ESPECIALIZADAS

Muitas outras abordagens especializadas de equipes de projeto foram desenvolvidas para avaliá-lo, primordialmente para sistemas críticos, nos quais a falha pode ter consequências catastróficas. Esses métodos incluem a análise de modos e efeitos das falhas, a de criticalidade, a da árvore de falhas e a de risco de falhas. Essa metodologia formalizada utiliza avaliações sistemáticas e programas computacionais sofisticados para a previsão de falhas em projetos complicados, e pode ser uma ajuda preciosa para a seleção de materiais (1).

Adicionalmente às abordagens multifuncionais de projetos, ferramentas de projeto sofisticadas foram desenvolvidas para auxiliarem na prevenção de falhas. A mecânica da fratura é frequentemente utilizada para a criação de projetos com tolerâncias de defeitos para aplicações críticas. As técnicas de análise de elementos finitos permitem avaliar os efeitos de características do material e de mudanças de geometria. Essas ferramentas podem ser muito benéficas durante o projeto da configuração, o projeto paramétrico, a validação do projeto ou a investigação sistemática da falha de um componente (1).

10.38 PROJETO DE CONFIGURAÇÃO (INCORPORAÇÃO)

A primeira etapa de um processo de projeto detalhado é sempre o projeto de configuração. Após a definição e a conclusão das etapas preliminares do projeto conceitual, os projetistas devem definir essas características. Essencialmente, eles devem determinar valores numéricos exatos para dimensões e tolerâncias de peças durante o projeto paramétrico. Entretanto, antes que isso seja realizado, precisam definir a configuração geral de uma peça, em termos de seu arranjo físico e sua conectividade (1).

O projeto de configuração é um processo qualitativo, portanto, não numérico, que define as características gerais de uma peça no que se refere às suas interações funcionais com outras peças ou com o ambiente que a cerca. Essas interações incluem forças (cargas e áreas de suporte disponíveis), energia ou fluxo de materiais, e ajustes/compartilhamentos físicos ou outros requisitos espaciais, pois alguns espaços podem estar indisponíveis para a peça em questão. Os tipos de características físicas que são definidas durante a etapa de projeto da configuração podem incluir (1):

- paredes e envoltórios de vários tipos, como planos, curvos e outros tipos;
- complementos e acréscimos de paredes, como furos, protuberâncias/saliências, entalhes, ranhuras, nervuras/reforços e outros;
- elementos sólidos, como bastões/barras/varetas/hastes, cubos, tubos esferas e outros;

- interseções com as paredes, com formatos semelhantes aos citados anteriormente.

Geralmente, existem vários (algumas vezes, muitos) modos de se configurar uma peça, e o melhor método é a geração, avaliação e modificação de algumas alternativas existentes. Um desenho tridimensional, que mostre essas interações em uma escala aproximada, pode ser um ponto de partida bastante útil do projeto de configuração. Esse desenho deve mostrar os elementos essenciais em torno da peça e localizar cargas, possíveis pontos ou áreas de suporte, fluxos de calor e de outros tipos de energia, peças adjacentes, espaços proibidos e outros aspectos importantes (1).

Projetos de configuração e as suas várias alternativas devem ser avaliados antes do estabelecimento de dimensões e suas tolerâncias. Esse processo de avaliação pode ser balizado por considerações racionais, mas qualitativas sobre grandezas físicas relativas à funcionalidade da peça que está sendo configurada e fabricada. Mesmo quando ainda não ocorreu a determinação das dimensões finais na etapa de configuração do projeto de uma peça, ou seja, quando esses tamanhos e relações espaciais entre as características ainda são aproximados, o conhecimento sobre as propriedades físicas e sobre os processos de fabricação já podem ser aplicados a fim de ajudar a criar os projetos alternativos mais efetivos para posterior avaliação.

Adicionalmente às considerações físicas qualitativas relativas à funcionalidade, a configuração efetiva de peças é fortemente influenciada por questões relativas às características da seleção de materiais e dos processos de fabricação. Nessa etapa do processo de elaboração de um projeto, é necessário, pelo menos, escolher um processo de fabricação e um tipo de material: aços, ligas de alumínio, polímeros termoplásticos, entre outros. Contudo, a não ser que a informação exata seja imprescindível para a avaliação das configurações, a seleção exata do material, como uma liga específica de alumínio ou um determinado tipo de resina termoplástica, pode ser adiada até a etapa paramétrica. Assim, é de fundamental importância consultar especialistas em materiais e processos de fabricação, e outros fatores, como a reciclabilidade e questões comerciais, também devem ser considerados (1).

Finalmente, uma vez geradas as configurações mais práticas da peça, uma avaliação mais formal deve ser realizada. Ela pode ser executada de acordo com diferentes métodos, mas todos eles obrigatoriamente devem seguir os seguintes princípios (1):

- funcionalidade: as dimensões exatas e suas tolerâncias devem proporcionar à peça um funcionamento adequado e confiável;
- uso de materiais: uma vez estabelecidas as dimensões, a configuração deve proporcionar o uso eficiente de todos os materiais necessários;
- falha mecânica: uma vez estabelecidas as dimensões, é necessário minimizar os riscos de falhas associadas a causas mecânicas, como fadiga, tensões excessivas (sobrecarga), flambagem e outros;
- viabilidade de análise: a configuração adotada deve permitir a realização de análises de tensões, vibrações, escoamento de calor e outros;

- viabilidade de fabricação: o processo de fabricação selecionado deve ser capaz de proporcionar as tolerâncias que serão necessárias para que a configuração adotada permita a funcionalidade requerida. Ela deve permitir adequados manuseio e montagem da peça, bem como proporcionar condições adequadas para minimizar o tempo de produção e de manutenção do ferramental.

10.38.1 PROJETO PARAMÉTRICO E SUA ANÁLISE

Os projetos conceitual e de configuração são baseados principalmente em estudos racionais e qualitativos sobre princípios físicos e processos de fabricação. Por outro lado, no projeto paramétrico, a computação numérica é muito mais importante: os atributos da peça, constatados na etapa de configuração, originam, depois, as variáveis do projeto, que devem ser identificadas e analisadas (1).

Durante a avaliação no projeto paramétrico, é necessário que sejam computados os parâmetros de desempenho, assim como a seleção e a implementação de um método para uma avaliação completa da qualidade do projeto resultante dessa tentativa. Nessa etapa, o engenheiro de projeto, ou de processo, deve procurar otimizar o desempenho, considerando as seguintes ações (1):

- identificação das variáveis do projeto e do seu intervalo de tolerâncias e amplitude;
- identificação dos parâmetros de desempenho, cujos valores serão computados ou medidos para a avaliação do desempenho dos projetos resultantes de tentativas;
- identificação dos métodos de análise que serão utilizados para computar valores para essa avaliação.

Frequentemente, valores de projetos paramétricos e procedimentos relacionados são determinados por códigos de projetos, normas, especificações e métodos de ensaios/testes. Estes podem ser específicos para certos ramos do conhecimento, indústrias ou tipos de materiais. Adicionalmente, ferramentas de projeto, como a mecânica da fratura e a análise por elementos finitos, podem ser utilizadas para analisar projetos e avaliar os efeitos das características dos materiais e das mudanças geométricas. Essas ferramentas também podem ser muito benéficas durante o projeto de configuração, o projeto paramétrico e a validação do projeto (1).

10.38.2 AVALIAÇÃO DE RISCOS NOS PROJETOS

Todos os projetos buscam um equilíbrio entre benefícios esperados e riscos potenciais. Desse modo, o conceito de identificação de riscos é bastante útil para qualquer tipo de projeto. Esse conceito se baseia na ideia de observar aspectos que não foram considerados de forma adequada anteriormente (1).

Não é possível eliminar completamente o risco, mesmo quando o projeto é conservador e utiliza fatores de segurança bastante elevados. Um bom projeto tem de assumir riscos razoáveis, que possam ser tolerados; de outro modo, o custo e outros aspectos importantes, como dimensões e peso/massa, serão excessivos. Por outro lado, projetistas não podem contar com a boa sorte, pois há muito mais possibilidades de que um projeto fracasse do que seja bem-sucedido. Portanto, os riscos devem ser procurados, enfrentados e avaliados (1).

10.38.3 ANÁLISE DE RISCOS E PERIGOS

A análise de riscos e perigos é uma ferramenta utilizada na avaliação de riscos nos projetos, ajudando a identificar o nível ou grau de risco e a localizar as peças ou partes de um sistema que apresentam os maiores riscos de falha. Se essa análise for conduzida de maneira apropriada, providências podem ser tomadas para eliminar as causas e, assim, reduzir a probabilidade de risco a um mínimo aceitável. Alguns sistemas de hardware, aproximando-se de uma condição de praticamente ausência de falhas, podem ser produzidos quando ações são conduzidas, em todos os níveis, com base (1):

- na atenção a experiências passadas, com sistemas semelhantes;
- na disponibilidade de informações sobre os riscos para toda a equipe do projeto;
- na realização de uma análise de riscos e perigos consistente e agressiva durante todas as fases do projeto;
- no desenvolvimento de ações corretivas adequadas e de programas de segurança baseados nessa análise;
- em uma revisão contínua e completa de todas as fases do processo.

Uma aplicação rigorosa da análise de riscos e perigos permitiu transformar façanhas tecnológicas difíceis, como a aterrissagem de um foguete na Lua, em atividades relativamente livres de riscos (1).

As várias técnicas de análise de riscos se desenvolveram além da busca pela confiabilidade de sistemas. Consequentemente, a abordagem é orientada em função do hardware, com ênfase em assegurar que ele esteja apto para desempenhar a função para a qual foi concebido. Sistemas de backup e de redundâncias também são utilizados para diminuir esses riscos. Por meio da análise de custo-benefício, o desempenho do sistema pode ter um valor quantificado, que pode ser comparado ao custo de atingir os objetivos desejados para um sistema ou produto.

Ferramentas para análise de riscos e perigos têm sido desenvolvidas a fim de assegurar que haja confiabilidade nos sistemas utilizados em aplicações críticas. Com a crescente ênfase em segurança, confiabilidade e na capacidade de atingir objetivos, a equipe de projetistas deve incorporar a análise de riscos e de perigos em todo o processo de projeto. Mesmo que os projetistas, ou os gerentes das equipes de projetistas, não sejam capazes de conduzir esse tipo de análise, devem estar familiarizados com essa metodologia, de modo a entender como ela é conduzida e como deve responder em termos de projetos ou mudanças de sistemas. A maioria dos esforços bem-sucedidos são realizados nas etapas iniciais do projeto, mas também podem ser efetivamente utilizados durante a revisão de projetos, a fim de gerar pareceres, comentários, relatórios e análises preciosos para que o novo projeto possa atingir o objetivo de evitar falhas semelhantes às que ocorreram anteriormente (1).

10.38.4 A SELEÇÃO DE MATERIAIS NO PROJETO

Uma das principais preocupações em qualquer projeto ou atividade de engenharia é a seleção de materiais. Trata-se de um processo no qual as funções e as propriedades finais desejadas de um componente são avaliadas durante várias etapas do projeto, de modo que seja possível o prosseguimento do processo de elaboração de um projeto e a identificação dos materiais adequados à construção daquele produto, dispositivo ou sistema. Durante cada etapa do projeto, seja a fase conceitual, a de configuração ou a paramétrica, deve ser conduzido algum tipo ou nível de seleção de materiais, a fim de que seja possível prosseguir com sua elaboração. Esse é um dos motivos pelos quais é necessário adotar a abordagem de IPD, mencionada anteriormente (1).

Adicionalmente, ao longo do tempo surgiram várias opções para se realizar a seleção de materiais, principalmente a oferta de um grande número de diferentes tipos de materiais disponíveis para a fabricação de muitos produtos. Provavelmente, essa tendência continuará, pelo menos em um futuro próximo, tornando a seleção de materiais um processo mais difícil do que era há alguns anos ou décadas. O mesmo ocorreu com a disponibilidade de diferentes tipos de processo de fabricação, que surgiram e multiplicaram-se nos últimos anos e décadas. Novamente, esse é outro motivo para o crescimento do uso de equipes de IPD mais recentemente, mesmo que de modo ainda limitado ou temporário.

Até que a abordagem IPD esteja em uso generalizado e como alternativa para a abordagem tradicional, na qual a definição dos materiais utilizados se realiza na última etapa, um outro método alternativo de seleção de materiais é o dos materiais definidos inicialmente. Tal método depende de uma ampla compreensão das condições ambientais de serviço e propõe escolhas baseadas em propriedades que satisfazem as necessidades de desempenho. Após a concepção do componente, a avaliação do ambiente e a aplicação de restrições, incluindo a seleção preliminar de materiais, de processos e da forma do produto, o conceito de projeto pode ser desenvolvido adicionalmente durante o projeto de configuração. Essa abordagem da escolha de materiais primeiramente envolve a seleção de uma categoria geral de materiais durante o projeto conceitual e adicionalmente aprimora as alternativas por meio de um processo iterativo de projetivo. O processo de seleção pode envolver um amplo conjunto de critérios de propriedades e de desempenho, que devem ser aprimorados. Existem quatro tópicos elementares na seleção de materiais, que devem ser abordados durante todas as etapas do projeto (1):

- O que é isso/esse produto?
- Qual é o ambiente em que está?
- O que esse produto não pode ser?
- O que esse produto deve ser?

Essas questões podem ser consideradas restrições conceituais ou fatores que influenciam a seleção de materiais na etapa de projeto conceitual. Então, evidentemente, critérios mais detalhados de seleção de materiais, considerando suas propriedades, serão utilizados durante as etapas de projeto de configuração e projeto paramétrico (1).

O processo de seleção de materiais varia substancialmente para diferentes propósitos, porque as etapas são tipicamente alteradas, a fim de se adequarem a aplicações específicas, e esse processo é ocasionalmente formalizado para garantir que todas as etapas tenham sido completamente realizadas. Tal processo é dinâmico, porque mudanças no projeto devem ser consideradas, mesmo com este já em andamento. Uma seleção de materiais adequada é uma função dinâmica que deve acompanhar todas as atividades do projeto, ao mesmo tempo que deve permanecer suficientemente flexível para acomodar inevitáveis mudanças no projeto de engenharia. Esse é um aspecto do projeto que é tão crucial quanto detalhes de geometria e dimensões de peças. Uma seleção adequada de materiais é necessária durante um novo projeto e também para melhorias naqueles já existentes, que podem ser considerados parcial ou totalmente inadequados.

A identificação da seleção de materiais como um fator constante de contribuição ao projeto de um componente também inclui a necessidade de incorporar requisitos de informações sobre eles nos desenhos de engenharia. Devido ao fato de que o desenho completo de uma peça é um fator primordial para estabelecer critérios de aceitação de um componente fabricado, todas as características relevantes devem ser identificadas. A especificidade de informações sobre materiais e processamento é necessária para que essa identificação seja completa nos desenhos de engenharia, como função da complexidade do componente. Os desenhos, mais utilizados atualmente na indústria, resultam do uso de programas de computador, o que reduz o espaço de armazenamento necessário; porém, podem ser muito suscetíveis à ocorrência de erros de origem humana, como os resultantes dos antigos métodos manuais (1).

Muitas empresas utilizam bancos de dados sobre materiais que contêm muito mais informações sobre compra e processamento do que poderiam ser colocadas apenas em um desenho de uma peça. Essa prática proporciona o benefício adicional de permitir que muitos desenhos do mesmo material possam ser melhorados simultaneamente, sem que seja necessário revisar cada um individualmente. Em relação a informações sobre materiais e processos de fabricação que devem constar em um desenho, alguns símbolos padronizados já foram criados para representá-las. Entre os símbolos criados com essa finalidade, estão os que representam juntas soldadas, instruções de fabricação, tolerâncias dimensionais e acabamento superficial. Tais símbolos trazem uma grande variedade de informações, sem parecerem um texto descritivo extenso, tornando o desenho mais claro e mais completo (1).

10.38.5 SELEÇÃO DE MATERIAIS DURANTE O PROJETO CONCEITUAL

Na etapa de projeto conceitual, os materiais e os processos de fabricação são considerados de forma bastante abrangente. A decisão consiste em determinar se cada peça concebida no desenho será fabricada com metal, polímero (plástico), cerâmica, compósito, ou madeira, e, depois, estreitar essa escolha para um determinado grupo de materiais de cada tipo. A precisão de dados necessários nessa etapa ainda é pequena. Se houver a necessidade de uma escolha inovadora de materiais, ela deve ser realizada na etapa de projeto conceitual. A seleção de materiais nessa etapa pode ser feita usando-se ferramentas como gráficos de propriedades de materiais ou índices genéricos de desempenho (1).

As quatro perguntas fundamentais de seleção de materiais, mencionadas anteriormente, devem começar a ser respondidas durante a etapa de projeto conceitual, na qual são colocadas as condições físicas funcionais e, inclusive, questões econômicas e outras não técnicas fundamentais. Assim, o material a ser usado na fabricação do componente é definido pelo que deverá ou não ser/fazer e pelas condições ambientais de serviço. Frequentemente, esses critérios, por mais simplificados que possam parecer, podem ser uma ótima opção para estreitar as possíveis alternativas de categorias de materiais durante o projeto conceitual (1).

10.38.6 O OBJETIVO DO PROJETO – O QUE É?

Esse objetivo é uma descrição simples do componente antes da identificação de todos os requisitos. O projetista deve assegurar a separação entre o que é um componente e quais as funções que executa, separando a sua configuração/seu corpo físico da função à qual se destina, pois outras configurações podem ser utilizadas para desempenhar a mesma função. É relativamente fácil perder de vista o conceito de utilidade básica de uma peça ou estrutura durante o projeto, pelo estabelecimento de restrições arbitrárias, mesmo que isso não aconteça propositalmente. Essa objetividade pode até ser um pouco confusa, mas, por outro lado, suposições incorretas durante o projeto conceitual dificilmente poderão ser superadas posteriormente (1).

10.38.7 O AMBIENTE DO PROJETO – O QUE É

Um componente ou estrutura em serviço pode ser afetado por uma ampla variedade de ambientes, que pode incluir (1):

- extremos de temperatura;
- variações de temperatura;
- alcalinidade ou acidez;
- pressão;
- teor, potencial ou pressão parcial de oxigênio;
- inflamabilidade;

- chama de impacto;
- umidade e ciclos alternados de umidade e estiagem (seca);
- diferenças de potenciais galvânicos;
- contato com metais líquidos;
- escoamento de fluidos (líquidos e gases) – vazão/fluxo/circulação;
- erosão;
- cavitação;
- teor potencial ou pressão parcial de hidrogênio;
- agentes biológicos – bactérias, fungos e outros.

A lista apresentada mostra muitos dos fatores ambientais que devem ser levados em conta durante o processo de elaboração de um projeto, antes que sejam consideradas as propriedades que o material deve ter. Quando as condições de serviço não são adequadamente compreendidas, o projeto pode se transformar em um processo custoso, de modo que necessite de testes do tipo tentativa e erro (1).

O ambiente deve ser avaliado antes do levantamento e da identificação das propriedades necessárias, porque as propriedades físicas e mecânicas podem ser substancialmente alteradas em função dos fatores ambientais. Ambientes muito específicos devem ser considerados, inclusive em aplicações que envolvem aqueles muito corrosivos em altas temperaturas e altas pressões (1).

10.38.8 RESTRIÇÕES ESTABELECIDAS NO PROJETO: O QUE O PRODUTO NÃO PODE SER

As restrições do projeto são específicas para certas indústrias, ou autoimpostas em materiais e processos que devem ser considerados no processo de projetar. Essas restrições surgem a partir de uma ampla variedade de fontes. Em alguns casos, as restrições relativas aos materiais são estabelecidas pelo usuário final, que pode até mesmo exigir determinados materiais e processos de fabricação por obrigações contratuais (1).

As restrições podem atuar como forma de ajuda no processo de projeto porque evidenciam as considerações sobre determinados materiais e processos proibidos, estreitando as possibilidades. Deve ser levado em consideração que, em alguns casos, essas restrições podem não ser realistas ou podem não ter sido bem recomendadas. Não é raro encontrar restrições excessivamente duras ou aparentemente arbitrárias, e elas também podem ser estabelecidas indiretamente. Quando uma montagem apresenta certa restrição, como o peso total máximo permitido, pode ser complicado balancear os pesos e propriedades admissíveis para cada componente individual.

- Restrições de custo: geralmente, restrições financeiras acompanham cada projeto de engenharia, exceto em algumas poucas aplicações críticas nas quais as propriedades são muito mais importantes do que o custo relativo do material. Escolhas do projeto podem ser muito limitadas por fatores econômicos, particularmente no caso da fabricação de produtos de consumo muito competitivos no mercado. Não raras vezes um produto sofre as restrições financeiras de ser fabricado com praticamente os mesmos materiais utilizados em produtos similares de empresas concorrentes, principalmente quando os consumidores quase não percebem se há ou não diferenças entre esses materiais (1).

- Restrições de quantidade: no caso do projeto de um componente único ou de uma única estrutura, não será necessário criar uma ferramenta ou uma linha de montagem capaz de produzir em escala industrial de grandes proporções. Assim, a produção de poucos componentes pode receber uma atenção mais personalizada, resultando em uma maior proporção dos custos do trabalho em si no custo total de produção. Por outro lado, se muitos produtos idênticos são fabricados, reduz-se o custo total de produção, pois, dessa forma, com uma linha de produção em larga escala, diluem-se vários fatores que pesavam no custo unitário de fabricação. As situações mais frequentes, porém, são as de produção em escala intermediária, que, embora diluam menos esses fatores de custo de produção, permitem maior flexibilidade e versatilidade para a produção de maior variedade de produtos, mesmo em uma escala menor.
- Restrições de tamanho e peso: o tamanho e o peso brutos de uma peça projetada podem ser aproximados no início do processo de projeto, porque tendem a restringir muito suas opções subsequentes. Ao se estabelecerem pesos e tamanhos máximos, naturalmente restringe-se a margem de variação dessas características no produto (1).
- Restrições de propriedades de materiais e de processamento: muitas restrições de propriedades são impostas em materiais devido à própria natureza do produto a ser fabricado. Restrições de fabricação podem surgir na medida em que haja preferência por processos e métodos de fabricação já disponíveis, a partir dos equipamentos existentes na fábrica. Evidentemente, essa preferência, uma vez atendida, proporciona vantagens financeiras, como a redução de custos associados à adaptação de equipamentos existentes ou à aquisição de novos. O mesmo ocorre com relação a outros tipos de recursos, como fornos para tratamento térmico. Em alguns casos, a terceirização de processos pode ser uma saída aceitável, desde que haja compatibilidade de qualidade na execução dos serviços pelas empresas terceirizadas. De qualquer modo, a substituição de equipamentos ou a terceirização de serviços devem ser bastante criteriosas e decididas e supervisionadas por quem dispõe de conhecimentos técnicos suficientes para avaliar essas alternativas (1).

10.38.9 CARACTERÍSTICAS DO PRODUTO CONCEBIDO NO PROJETO: O QUE O PRODUTO PODE SER

Após imaginar o componente, avaliar o ambiente e aplicar as restrições, o projetista pode desenvolver o conceito do projeto, inclusive a seleção de materiais. Uma grande variedade de critérios de desempenho e de propriedades pode ser desenvolvida para definir a função e as condições periféricas da peça, e também devem ser identificados os critérios primários e secundários. Os requisitos primários ou absolutos são aqueles essenciais ao desempenho adequado e que não podem ser subordinados a outros requisitos, ao passo que os requisitos secundários são aqueles que podem ser flexibilizados em determinadas circunstâncias, devidamente consideradas. Por exemplo, considerações sobre o ciclo de vida útil do produto, abordando questões como reciclagem e o impacto ambiental, podem ser critérios primários ou secundários, dependendo dos objetivos planejados para aquele produto (1).

10.39 CRITÉRIOS DE SELEÇÃO DURANTE O PROJETO DETALHADO

A etapa do projeto detalhado inclui o nível de incorporação, ou configuração do projeto, e o projeto paramétrico. Durante a elaboração do projeto de configuração, a ênfase fica na determinação da forma e do tamanho aproximado de uma peça, utilizando-se métodos analíticos de engenharia, que podem ser baseados naqueles de raciocínio físico qualitativo. Já durante a elaboração do paramétrico, métodos quantitativos são utilizados para refinar o projeto de modo mais acentuado (1).

A seleção de materiais durante o projeto de configuração necessita da avaliação de uma ampla variedade (como aços-carbono, aços baixa liga, aços inoxidáveis, ligas de alumínio endurecíveis por precipitação etc.); de formas resultantes de diferentes processos de fabricação (trabalhados, fundidos, produzidos por metalurgia do pó); e dos processos específicos (forjamento, fundição por pressão etc.). Todos esses fatores devem ser considerados quando a forma de um produto é definida durante a elaboração do projeto de configuração. Também durante o projeto de configuração é necessário conhecer melhor as propriedades do material, mais do que no projeto conceitual, pelo menos para que seja possível uma comparação qualitativa de possíveis opções de material, de produto e de método de processamento.

No detalhamento, ou nível do projeto paramétrico, a seleção de materiais é adicionalmente estreitada para um tipo específico de material e de processo de fabricação. Nesse momento, a ênfase está na avaliação de variações permissíveis nas propriedades dos materiais, de tolerâncias críticas e de quaisquer outros parâmetros de desempenho previstos no projeto, incluindo o melhor processo de fabricação, utilizando critérios da engenharia de qualidade e as metodologias de modelamento de custos. Dependendo da criticalidade da peça, as propriedades do material precisarão ser conhecidas com alto grau de precisão, com avaliação quantitativa das variações de propriedades durante o desempenho dessa peça. Por exemplo, variações anisotrópicas nas propriedades de produtos, submetidos a trabalho de conformação mecânica, ou os efeitos do acabamento superficial após usinagem são fatores quantitativos que devem ser considerados durante o projeto paramétrico. Nessas condições extremas, o desenvolvimento de uma detalhada base de dados de propriedades ou um extensivo programa de ensaios de materiais é requerido (1).

A avaliação detalhada do tamanho, da forma, do processamento, da fabricação e das propriedades do material usado em uma peça projetada requer boa comunicação entre projetistas, engenheiros de materiais e de fabricação, sistema de garantia da qualidade e departamento de compras/aquisição de suprimentos. Isso pode ser uma tarefa relativamente simples ou complexa, dependendo dos critérios para a seleção de materiais. As informações necessárias sobre materiais incluem, entre outras, o histórico/a experiência de aplicação, geralmente obtido(a) por meio de relatórios de análises de falhas. Durante a etapa de elaboração do projeto, é necessário identificar os critérios primários e secundários de seleção de materiais. A lista de critérios típicos de seleção apresentada a seguir exemplifica os requisitos necessários para especificar a criação de um novo componente (1):

- tamanho;
- forma;
- peso;
- resistência ao desgaste;
- resistência mecânica;
- resistência ao meio ambiente;
- capacidade de carregamento;
- expectativa de vida útil;
- facilidade para ser fabricado;
- quantidade;
- disponibilidade.
- custo;
- especificações técnicas;
- reciclabilidade;
- valor da sucata;
- padronização/normatização;
- segurança.

Embora essa lista contenha os critérios mais utilizados para a seleção de materiais, está longe de abranger todos os que podem ser considerados, pois diferentes critérios devem ser levados em conta para diferentes produtos. Por outro lado, na prática, esses critérios não são totalmente independentes, apesar de serem descritos individualmente. É bastante lógico deduzir que requisitos de serviço complexos resultarão em critérios de seleção mais rigorosos. Assim, os mais restritivos resultarão em menor quantidade de materiais que provavelmente atenderão aos requisitos especificados. Mesmo assim, a seleção de materiais de engenharia raramente resulta em um único material adequado para dada aplicação. Como no caso do projeto de engenharia, essa seleção também pode ser um processo iterativo, que compara alternativas tanto durante o projeto conceitual quanto durante o detalhado (1).

10.39.1 CONSIDERAÇÕES DE TAMANHO

O tamanho de um componente projetado é capaz de determinar a forma do material a ser usado. Peças com grandes dimensões podem precisar ser fabricadas a partir de perfis estruturais e formas fundidas ou forjadas, muitas vezes recorrendo à soldagem. Por outro lado, componentes extremamente pequenos devem ser produzidos por outros tipos de técnicas, como metalurgia do pó, fundição por injeção e técnicas de conformação de precisão (1).

10.39.2 CONSIDERAÇÕES DE FORMA

A forma e a complexidade geométrica de um componente também devem ser consideradas na seleção de materiais. Formas intrincadas dificultam muito o preenchimento de cavidades irregulares do molde durante a fundição ou não podem ser obtidas por outros processos de fabricação, como extrusão ou forjamento. Muitos tipos de formatos podem ser obtidos por processos como fundição, forjamento, extrusão, laminação não plana de perfis, arames e vergalhões, laminação plana de chapas e placas, assim como formas híbridas, que conjugam características de formas diferentes. Ao considerar a forma durante a seleção de materiais, é sempre melhor ajustá-la à função a ser executada durante o projeto de configuração. Essa prática permite reduzir a geração de sucata de processo de fabricação e promover o uso otimizado do material com as propriedades desejadas.

Várias formas de materiais podem ser consideradas como adequadas, e fatores adicionais devem ser avaliados para determinar a otimizada. De um modo geral, o aumento da complexidade da forma leva ao estreitamento da variedade de processos e ao aumento do custo. Uma regra essencial para todo projetista é manter a forma mais simples possível. Entretanto, essa regra pode ser descumprida se a opção por uma forma mais complexa permitir melhor consolidação de várias peças e/ou eliminar uma ou mais etapas de fabricação. Limitações na forma também são impostas pelas propriedades do material e pelas interações com o ferramental de produção. Dessa forma, a espessura de uma determinada peça, por exemplo, pode ser limitada pelas características do material utilizado ou pelo processo de fabricação. De um modo geral, o objetivo principal é fabricar uma peça com formato mais próximo possível do final (*Near Net Shape* – NNS), facilitando a montagem. Caso isso não seja possível, opta-se por fabricar uma peça com formato próximo ao do final, que exigirá apenas um acabamento mínimo, geralmente por usinagem (1).

10.39.3 CONSIDERAÇÕES SOBRE O PESO

Existem poucas aplicações de produtos manufaturados para as quais o peso não precisa ser considerado. O peso/densidade/massa específico de um material é de vital importância em muitas aplicações nas indústrias aeronáutica e automobilística, nas quais ganhos incrementais de redução de peso se refletem em economia de combustível e de capacidade de carga. A razão entre resistência mecânica e peso, muitas vezes denominada resistência mecânica específica, é um aspecto híbrido frequentemente considerado no projeto de veículos. Além dos veículos, considerações sobre o peso também são importantes se os materiais serão transportados durante a fabricação ou o serviço, ou se a peça se move durante o serviço, como no caso de peças rotatórias ou que realizam movimentos alternados em um motor ou em máquinas, de um modo geral (1).

10.39.4 PROPRIEDADES DO MATERIAL

Várias propriedades devem ser consideradas na seleção de materiais, dependendo do tipo de aplicação: mecânicas, térmicas, elétricas, magnéticas, químicas e outras. Cada propriedade primária ou secundária deve ser considerada cuidadosamente. Provavelmente, o fundamento mais importante da ciência de materiais estabelece que as propriedades são resultantes da microestrutura, que, por sua vez, resulta do processamento. Assim, as propriedades do material nunca poderão ser consideradas isoladamente do processamento, porque as etapas e as decisões do processamento podem afetar o valor nominal e a variabilidade de uma propriedade, mesmo dentro da geometria de uma peça. Por exemplo, uma barra de aço inoxidável austenítico pode ser processada para atingir alta resistência mecânica na condição encruada após a trefilação, mas também pode ser posteriormente recozida para, simultaneamente, reduzir a resistência mecânica e aumentar a ductilidade. Outro exemplo é a variabilidade de propriedades dentro da geometria de uma peça, também conhecida como anisotropia, dependendo da natureza do processo de fabricação (1).

Também é importante compreender a relação entre as propriedades físicas e as mecânicas. Muitas vezes, o aumento do valor de uma propriedade acarreta a diminuição do valor de outra. Assim, os critérios de seleção de materiais devem considerar um compromisso entre essas propriedades "antagônicas", bem como o processo de projetar peças e componentes, de um modo geral.

Resistência ao desgaste é uma propriedade muito importante para materiais que são utilizados de forma que haja movimento relativo repetitivo em contato entre as peças. Os três principais tipos de desgaste são: desgaste adesivo, desgaste abrasivo e desgaste corrosivo. A medição da resistência ao desgaste é complicada, porque existem muitas variáveis envolvidas, incluindo fatores como fricção (atrito), lubrificação, acabamento superficial e outros. Como consequência, tabelas comparativas de resistência ao desgaste, mesmo claramente utilizando a mesma metodologia padronizada, têm pouca utilidade na seleção de materiais. Propriedades de resistência ao desgaste otimizadas são geralmente obtidas por meio de testes de protótipos em ambientes simulados para reproduzir as condições efetivas de serviço (1).

10.39.5 CONHECIMENTO SOBRE O AMBIENTE DE OPERAÇÃO

Esse aspecto da seleção de materiais difere ligeiramente das restrições ambientais originais colocadas no projeto durante a etapa de projeto conceitual. Os comportamentos e resistências dos materiais nos ambientes de operação são alvos de interesse, mas muito frequentemente os requisitos do projeto conceitual são os mesmos estabelecidos na configuração das peças individuais. Contudo, durante o projeto de configuração, o ambiente circundante pode acarretar diferenças galvânicas e interações potencialmente deletérias no âmbito de uma estrutura ou montagem complexa. O projeto paramétrico deve considerar taxas de corrosão, taxas de substituição de materiais e outros fatores associados à vida útil desses produtos (1).

10.39.6 TIPOS DE CARREGAMENTO

O tipo e a magnitude do carregamento aplicado são aspectos cruciais da seleção de materiais. Quando se consideram materiais potenciais com outros requisitos de propriedades, os seguintes tipos básicos de carregamento devem ser abordados (1):

- constante e sustentado;
- cíclico e repetitivo;
- rápido, de impacto;
- lento;
- distribuído;
- concentrado;
- variável.

Os atributos associados ao carregamento de um material podem ser alterados substancialmente por meio de diferentes tipos de processamento. Qualquer processo que altere as propriedades mecânicas, como tratamento térmico, laminação, soldagem e esmerilhamento, pode afetar as características de resposta ao carregamento, ao aumentar ou reduzir a resistência a tipos específicos de carregamento. Combinações de diferentes tipos de processos dificultam o processo de seleção de materiais (1).

10.39.7 REQUISITOS RELATIVOS AO TEMPO DE VIDA ÚTIL

Os requisitos relativos ao tempo de vida útil influenciam a seleção de materiais, porque, geralmente, a necessidade de materiais com tempo de vida útil mais longo implica a utilização de materiais mais sofisticados. Na verdade, dependendo do tipo de aplicação, alguns componentes e montagens somente são utilizados uma única vez e por tempos muito curtos, tornando desnecessário o uso de materiais com grande capacidade de resistir em serviço por tempos prolongados. Por outro lado, muitas estruturas devem ser projetadas para sobreviver cinquenta ou cem anos antes de serem demolidas e substituídas. Produtos projetados para curta vida útil são frequentemente descartáveis, ao passo que o projeto de produtos com longa vida útil deve prever a possibilidade de consertos substanciais ou a substituição de peças durante o serviço (1).

10.39.8 VIABILIDADE DE FABRICAÇÃO/PROJETO PARA FABRICAÇÃO

O projeto voltado para a fabricação efetiva e eficiente pode apresentar grande importância para a redução significativa de custos. Características de fabricação e de manufatura podem ser difíceis de quantificar e estar associadas a muitas medições subjetivas, como acontece no âmbito de conceitos como conformabilidade, usinabilidade e soldabilidade. Cada processo de fabricação, considerado para um certo produto, deve ser avaliado criticamente, a fim de definir se ele é ou não compatível com um determinado material. O primeiro passo pode ser uma comparação qualitativa, durante o projeto conceitual ou de configuração, baseada em dados, possivelmente tabelados, que exprimem a maior ou menos compatibilidade entre processo e produto. Entretanto, o processo inicialmente escolhido para fabricar determinado produto pode se revelar tão inadequado, tecnicamente inviável ou muito custoso que um material - originalmente, adequado - seria descartado como matéria-prima processada naquele equipamento. Adicionalmente, a seleção de materiais pode impor outros requisitos de inspeção, tratamento térmico e acabamento superficial durante a fabricação do produto (1).

Durante o projeto paramétrico, a avaliação quantitativa de tolerâncias, o ferramental e os custos de produção devem ser requisitados. Faz-se necessário projetar o dispositivo de fabricação simultaneamente ao projeto do produto final. Isso é verdadeiro, de modo especial, com processos do tipo NNP, como moldagem, fundição e forjamento. Eventualmente, os componentes projetados podem ser alterados, para sua fabricação ser viabilizada. Assim, as funções relativas à fabricação precisam estar envolvidas no projeto desde o início (1).

10.39.9 REQUISITOS DE QUANTIDADE

A quantidade de componentes a serem projetados pode influenciar a viabilidade das opções de materiais e processos de fabricação. A fabricação de produtos em larga escala industrial exige o uso de métodos de produção em massa. Por outro lado, a fabricação de produtos em grande quantidade exige o uso de ferramentas e matrizes adequadas. Como consequência, esses métodos de produção específicos, para muitos produtos ou para aqueles com grandes dimensões, podem ser custosos, inflexíveis e com retorno lento em termos de obtenção de lucros. Menores quantidades de produtos produzidos permitem maior atenção individual à qualidade e demais características de cada peça produzida. Muitos métodos de produção e processamento são totalmente inviáveis para a produção de pequenas quantidades de peças (1).

10.39.10 DISPONIBILIDADE

Eventualmente, materiais podem não estar disponíveis em função de diversos fatores, como excesso de demanda ou escassez natural. Até mesmo os abundantes, em formatos incomuns, podem se tornar indisponíveis. Apesar disso, geralmente o projeto de longo prazo, ou de produção contínua, assume que os materiais utilizados naquela produção continuarão disponíveis e com preços viáveis no futuro.

Menores quantidades de tipos e formas de materiais podem ser inferiores ao mínimo fornecido diretamente pelas usinas/fábricas, sendo assim unicamente fornecidas por revendedores e distribuidores. A existência de características muito específicas nos materiais pode ser problemática, pois pequenos compradores têm pouca capacidade de influir nas decisões do fabricante sobre o que poderá produzir. Além disso, uma demanda muito reduzida de certos produtos a alguns fabricantes pode inviabilizar, ou dificultar muito, a disponibilidade desses materiais.

Tanto as matérias-primas quanto os elementos de liga, em geral, apresentam uma disponibilidade não uniforme. Também pode acontecer de, em um cenário internacional, as importações se tornarem inviáveis ou muito complicadas, restringindo-se severamente a disponibilidade desses materiais. É necessário considerar atentamente a possibilidade de adquirir materiais cujo fornecimento não pode ser controlado ou previsto. Eles são frequentemente denominados materiais estratégicos, que podem ter sua disponibilidade muito reduzida em ocasiões relacionadas a guerras, revoluções e crises políticas e econômicas internacionais (1).

10.39.11 CUSTO

A determinação de custos associada à seleção de materiais não é tão linear como possa parecer. Em muitas aplicações o custo dos materiais era tradicionalmente determinado pelo material mais barato disponível, que, ao mesmo tempo, fosse capaz de satisfazer os requisitos previamente estabelecidos de propriedades físicas e mecânicas. No entanto, a prática moderna de projeto quase incorpora os custos de materiais e processamento à relação de propriedades dos materiais, permitindo, assim, que o custo seja um fator de comparação direta. Restrições artificiais, que limitam a escolha para somente materiais de baixo custo, ignoram os potenciais benefícios adicionais provindos da utilização de materiais mais caros, como a diminuição da frequência de realização de serviços de manutenção, vida útil mais longa e maior confiabilidade. Para melhor avaliar os custos do uso de um potencial material, é realizada uma abordagem do tipo *valor em uso*: valor presente dos fluxos de caixa futuros, que se espera ser originado por um ativo ou unidade geradora de caixa. Assim, levando-se em conta essa metodologia, os benefícios adicionais obtidos com o melhor desempenho podem ser considerados quantitativamente, com o custo básico do material. Em alguns casos, os custos adicionais de processamento de materiais mais baratos podem superar, em valor total, o de materiais tradicionalmente mais caros.

A proporção do custo de um material e do processamento subsequente dentro do custo total de um componente ou estrutura varia para diferentes tipos de indústria.

Estruturas com grandes dimensões geralmente utilizam grandes volumes de materiais de baixo custo, resultando no fato de que, nesses casos, a proporção do custo do material no custo total do projeto é relativamente baixa. Por outro lado, componentes eletrônicos e aeroespaciais apresentam tipicamente pequenas dimensões, sendo itens especializados cujo custo do material utilizado pode ser superior ao de instalação e de processamento, representando uma proporção bem maior no total do projeto. Assim, o projetista deve considerar os custos de produção, de manutenção e de parada de equipamentos ao analisar as opções de materiais apresentados (1).

Outros custos que devem ser analisados, relativos a materiais, são os de encomenda e de armazenamento. Dependendo do montante de material necessário, existirá uma ótima quantidade de materiais a serem encomendados que melhor se adequará aos requisitos de produção, minimizando os custos. Essa também é uma característica dinâmica, mutável, pois materiais, em suas diferentes formas, apresentam custos e disponibilidade variáveis e, geralmente, imprevisíveis, que podem alterar futuros requisitos de compras. Via de regra, todos os custos relativos a compras, inspeções de recebimento e armazenamento são proporcionalmente reduzidos pela compra de grandes quantidades desses itens.

10.39.12 ESPECIFICAÇÕES E CÓDIGOS EXISTENTES

Em muitas indústrias, normas e especificações técnicas estabelecem requisitos ou a proibição do uso de materiais, além daqueles estabelecidos no projeto. Normas e especificações técnicas podem restringir a forma do material, o tratamento térmico, a soldagem e outras variáveis do processo. Quando essas normas são mais flexíveis, permitem maior variedade de materiais a serem usados na fabricação da peça projetada e facilitam a compra, justamente pela maior disponibilidade de materiais e de fornecedores, o que também pode proporcionar sensível redução de custos de aquisição desses materiais (1).

Essas normas e especificações técnicas podem ser estabelecidas pela indústria, por órgãos governamentais e, eventualmente, pelos consumidores, principalmente quando estes são outras indústrias. Diversas vezes podem surgir dificuldades durante seu uso, frequentemente relacionadas à interpretação de alguns textos vagos ou ambíguos. Muitas especificações exigem a concordância entre o produtor e o consumidor no que se refere a variáveis críticas de processamento.

10.39.13 VIABILIDADE DA RECICLAGEM

A potencialidade de reciclagem da sucata produzida por um determinado método de fabricação pode ser um importante parâmetro de seleção de materiais e processos de fabricação. O custo de produção pode ser mais facilmente justificado quando todo o material removido puder ser reciclado com retorno financeiro pelo fornecedor, sem a necessidade de um arriscado e/ou custoso armazenamento de rejeitos em aterro específico ou outro local previamente determinado. Assim, a identificação da reciclabilidade e de demais considerações sobre o término da vida útil de um produto deve ser recomendada como um dos seus atributos primários ou, pelo menos, secundários, durante a etapa de seleção de materiais, mesmo que o restante do projeto não seja parte dos esforços relacionados com o seu ciclo de vida. Essa competência considera a facilidade de classificação, separação e os custos flutuantes dos materiais reciclados em comparação aos que são utilizados como matéria-prima virgem (1).

10.39.14 VALOR DA SUCATA

Considerações sobre a possibilidade de um componente projetado ser aproveitado após o sucateamento, ao final do seu tempo de vida útil, é uma parte importante do processo de seleção de materiais. O novo uso de componentes não degradados ou o retrabalho e a remodelação frequentemente são alternativas econômicas em comparação à compra repetida de materiais idênticos ou semelhantes.

10.39.15 PADRONIZAÇÃO DE PROJETOS

A padronização da seleção de materiais dentro de organizações que dispõem de uma estrutura adequada de projetistas deve ser considerada. É possível projetar componentes idênticos que serão utilizados em múltiplas montagens. Essa prática de aproveitar materiais e projetos em aplicações semelhantes pode evitar ou minimizar a ocorrência de projetos redundantes ou "a reinvenção da roda" (1).

10.39.16 SEGURANÇA

Talvez o aspecto mais importante do projeto de um componente ou de uma estrutura seja a segurança. Um projeto que atinja de modo bem-sucedido a etapa de fabricação depende inteiramente de uma análise criteriosa sobre o atendimento das necessidades de segurança.

A segurança também deve ser incluída entre os critérios de seleção durante a fabricação e o processamento de um produto. Materiais e processos potencialmente apresentam características preocupantes, como a toxicidade, a inflamabilidade, a possibilidade de inalação de partículas muito finas, a autoignição, os riscos relacionados ao contato e outros efeitos nocivos em longo prazo - por exemplo, características carcinogênicas e patológicas. Assim, fabricantes são obrigados a produzir bens seguros, tanto por motivos éticos quanto econômicos.

Entidades regulatórias continuamente avaliam os riscos potenciais à saúde de seres humanos expostos a novos materiais desenvolvidos em processos inovadores. Isso se deve ao crescente número de metais e não metais raros que têm sido incorporados aos produtos projetados e fabricados pela indústria atual. Em muitos países, as agências de saúde e de vigilância sanitária, assim como diferentes órgãos dos diversos governos, têm constantemente coletado muitas informações sobre vários materiais, tanto durante a fabricação quanto durante o uso em serviço. É uma atitude prudente evitar o uso de materiais e processos ainda sob avaliação quando existem questões pendentes relativas à saúde das pessoas que os utilizarão (1).

10.40 SELEÇÃO DE MATERIAIS PARA A PREVENÇÃO DE FALHAS

O uso de materiais e de processos inadequados pode ser considerado um fator preponderante na ocorrência de falhas de peças. Com frequência, a incidência de falhas por essa razão supera a originária de outros, como defeitos de fabricação, tratamento térmico inadequado, erros de projeto, condições ambientais de serviço não previstos, inspeção imprópria, conjugação inadequada de materiais, manutenção inapropriada e material defeituoso. Entretanto, na indústria aeronáutica, a seleção incorreta de materiais não acontece, uma vez que, para esse tipo de aplicação, as normas para isso já são tão rigorosas que praticamente eliminam tal possibilidade.

A seleção de materiais adequados geralmente envolve a pesquisa de materiais mais apropriados para uma determinada aplicação. Por outro lado, não existe um guia universal que identificará de forma automática o material mais adequado para uma determinada aplicação, porque a quantidade de variáveis iniciais que interagem entre si pode dificultar a análise que leva a uma decisão. O uso de recursos computacionais pode simplificar os critérios de seleção de materiais, filtrando os mais compatíveis, a partir de uma ampla base de dados de propriedades físicas e mecânicas. Contudo, em geral, esses sistemas são muito específicos para determinados tipos de indústrias (1).

Uma seleção adequada de materiais pode ser facilitada pelo acesso a informações sobre suas propriedades e outros conhecimentos técnicos obtidos de uma equipe de engenheiros participando de um *brainstorming* sobre esse tema, no âmbito de um projeto. Não é possível fazer generalizações que seriam válidas para determinadas situações na seleção de materiais, porque os problemas específicos de cada projeto devem ser considerados individualmente, com base na experiência específica (1).

Talvez um dos aspectos mais problemáticos da seleção de materiais esteja na variação das propriedades e, consequentemente, no desempenho de um determinado produto ao longo do tempo. Essa variação pode correr somente na geometria da peça, como decorrência da fabricação ou do processamento; ou a variação de propriedades pode ocorrer em longo prazo, como resultado da ação de determinadas condições de desgaste por atrito, mudanças bruscas de temperatura, que pode atingir valores extremos; corrosão e fadiga.

Essas condições, relacionadas à aplicação do produto, necessitam de um grande esforço de avaliação e interpretação de dados resultantes de ensaios laboratoriais, para aproveitamento no projeto, e de extrapolação da variação das propriedades e sua influência sobre o desempenho do produto ao longo do tempo. Frequentemente, pode ser necessário utilizar técnicas de simulação das condições de serviço (1).

Uma importante função do engenheiro de materiais é a colaboração com o projetista, a fim de estabelecer correlações significantes entre as propriedades e o desempenho dos materiais que serão utilizados na fabricação das peças ou do produto projetado. Para a maioria dos sistemas mecânicos, o desempenho é limitado por uma combinação de propriedades, e não por uma propriedade isolada. Muitas vezes, elas naturalmente resultam da combinação de outras, assim como o módulo de elasticidade significa a razão entre a tensão e a deformação no regime elástico, por exemplo. Esse tipo de indicador, que agrupa propriedades que, quando maximizadas, acarretam a também maximização de algum aspecto do desempenho, pode ser bastante útil para comparar diferentes materiais.

É importante compreender a relação entre propriedades e modos de falha. Na maioria dos casos de falha, duas ou mais propriedades atuam mais significativamente no comportamento do material e, por essa razão, são críticas para a ocorrência da falha. Contudo, é importante compreender como os dados de propriedades de materiais devem ser interpretados. Por exemplo, embora a maioria das normas e especificações técnicas estabeleça como requisitos básicos de comportamento mecânico os dados de ensaio de tração, estes são apenas parcialmente indicativos do desempenho mecânico em condições específicas. O objetivo principal do ensaio de tração é monitorar a qualidade de diferentes lotes de produtos, mas não necessariamente para estabelecer critérios de seleção de materiais no âmbito de um projeto. Além disso, exceto quando a fratura dúctil ou o escoamento em si são condições-limite para a falha, a resistência ao escoamento e à tração podem ser critérios inadequados para evitá-la. Por exemplo: uma elevada resistência a tração pode ser um indicativo de baixa ductilidade, de tenacidade em presença de concentradores de tensões e até mesmo de resistência a corrosão em ambientes ácidos; então, uma peça com elevada resistência à tração ou ao escoamento, nessas condições, pode ser mais propensa à ocorrência de uma falha.

10.41 SELEÇÃO DE MATERIAIS E ANÁLISE DE FALHAS

O histórico de ocorrências de casos de falha proporciona uma ferramenta indispensável não apenas para projetistas, mas também para o ensino e o treinamento em engenharia. Mesmo os casos de falha de materiais já obsoletos ou produzidos com tecnologia ultrapassada ainda podem proporcionar conhecimentos úteis para identificar as causas raízes e prevenir a ocorrência de falhas em produtos concebidos em novos projetos. O processo investigativo também pode permitir a identificação das causas secundárias que possam ter contribuído para a ocorrência da falha, evitando, assim, uma enorme perda de tempo e de recursos, associada a um sistema repetitivo de tentativa e erro. Desse modo, o estudo de casos de falha pode ser muito importante no contexto geral do processo do projeto do produto e da seleção dos materiais que poderão ser utilizados na sua fabricação (1).

O processo de seleção de materiais é de grande importância para toda pessoa que se dedica à análise de falhas. Um conhecimento satisfatório e prévio do processo de seleção de materiais é um pré-requisito importante para todos os engenheiros que realizam trabalhos de análise de falhas. Ao longo de todo o processo de análise de falhas, o investigador precisa considerar o quanto o material e o processo de fabricação selecionados foram adequados, pois com frequência observam-se inadequadas substituições de materiais e erros de processamento. Em outras circunstâncias, as evidências físicas sugerem que materiais e processos levemente incomuns, ou mesmo totalmente inapropriados, foram utilizados. A análise científica de falhas pode revelar que o projeto original estava inadequado, ou que não foram considerados todos os fatores relevantes para a utilização do produto.

A identificação da composição química do material, em seus diversos graus e faixas, deve ser determinada durante a investigação de uma falha. Os resultados devem ser comparados aos valores estabelecidos em normas e especificações técnicas emitidas para definir as faixas de composições químicas daqueles materiais específicos. Deve-se tomar o cuidado de considerar que pequenos desvios de composição química não são, necessariamente, causas de uma falha, como se supõe erroneamente algumas vezes. Além disso, o investigador deve tentar determinar os possíveis métodos de processamento usados para uma certa peça ou estrutura. Esse tipo de levantamento pode ser útil, pois alguns métodos de processamento são mais propensos à ocorrência de defeitos nos produtos. Alguns processos, como tratamento térmico, soldagem e usinagem, podem ser avaliados posteriormente, mediante a realização de ensaios mecânicos e análise microestrutural. Ensaios padronizados de laboratório e a análise fractográfica por MEV também oferecem dados necessários para a identificação do modo de fratura e dos fatores causais. Desse modo, o histórico de materiais e processamentos utilizados e determinados pode ser comparado às condições de serviço conhecidas para deduzir o conceito do projeto. Esse raciocínio pode ser usado para melhorar o projeto e direcionar as soluções para a inadequação de materiais e de processamento.

Assim como o projeto, a análise de falhas é, de algum modo, influenciada pelo conhecimento anterior e pela experiência do analista. As fraquezas básicas da análise de falhas podem ser semelhantes às do projeto. Diferentes áreas de conhecimento da engenharia tendem a abordar a análise de falhas dentro da sua área de especialização. Uma equipe multidisciplinar de análise de falhas pode atuar bem no sentido de prescrever as ações corretivas mais benéficas (1).

10.42 ALGUMAS QUESTÕES INERENTES À ANÁLISE DE FALHAS

Uma grande variedade de questões deve ser perguntada e respondida durante o andamento da investigação de uma falha. A experiência e o conhecimento indicarão ao analista as que devem ser necessariamente abordadas. As questões relacionadas a seguir se destacam entre as várias que um analista deve responder durante a investigação de uma falha (1):

- A peça complexa é única ou parte de um conjunto de várias peças em uma montagem?
- Como ocorreu o carregamento do componente?

- Durante esse carregamento, a anisotropia do material foi considerada?
- O material pode ser produzido com as propriedades necessárias, no formato adotado?
- Qualquer material disponível pode atender às especificações?
- Os requisitos de resistência mecânica prejudicam ou inviabilizam as necessidades de tenacidade e de resistência à corrosão?
- A resistência ao desgaste é adequada para materiais que deslizam em contato mútuo?
- As propriedades desejadas são comprometidas pela utilização de materiais e de processos de fabricação de baixo custo?
- Os materiais e processos utilizados estão de acordo com as normas, os códigos e as especificações aplicáveis?
- O produto foi fabricado com materiais e produtos sem igual?
- Foram utilizados materiais e processos obsoletos ou patenteados?
- Os processos de fabricação foram utilizados para criar produtos com formato apropriado para a aplicação desejada?
- Os métodos de processamento individuais fazem sentido?
- Deveria ter sido realizado um preaquecimento antes da soldagem ou do tratamento térmico?
- Os requisitos para viabilizar a fabricação comprometem as propriedades mecânicas ou físicas desejadas?
- Os métodos de fabricação foram adequados para a quantidade de produtos fabricados?
- As condições de operação e de manutenção foram as efetivamente previstas?
- As condições de serviço foram facilmente previstas?
- O material apresentou adequada durabilidade em serviço no ambiente existente?
- Como o valor da sucata contribui para as decisões sobre manutenção/conserto em serviço? (1).

REFERÊNCIAS

(1) *ASM Handbook*. Volume 11. Failure Analysis and Prevention. Second printing. Ohio: Materials Park, 2004.

(2) *ASM Handbook*. Volume 12. Fractography. Sixth printing. Ohio: Materials Park, 2009.

(3) L. H. Van Vlack. *Princípios de Ciência e Tecnologia de Materiais*. 4. ed. Rio de Janeiro: Campus, 1984.

(4) P. R. Cetlin, P. S. P. Silva, J. A. Penna. *Análise de Fraturas*. São Paulo: ABM, 1978.

(5) C. R. F. Azevedo, T. Cescon. *Metalografia e Análise de Falhas* – Casos Selecionados (1933--2003). 1. ed. São Paulo: IPT, 2004.

(6) R. Wouters, L. Froyen. Scanning Electron Microscope Fractography in Failure Analysis of Steels. *Materials Characterization*, v. 36, p. 357-364,1996.

(7) *VDI 3822*. Failure Analysis: Fundamentals and Performance of Failure analysis. *Verein Deutscher Ingenieure*, November, 2011, 18 p.

(8) *ABNT*. Sistemas de gestão da qualidade – Requisitos. NBR ISO 9001. 2015, 32 p.

(9) *ABNT*. Requisitos gerais para a competência de laboratórios de ensaio e calibração. NBR ISO/IEC 17025. 2017, 32 p.

(10) C. R. F. Azevedo. *Casos Selecionados de Análise de Falha*. 1. ed. São Paulo: Epusp, 2018.

(11) A. S. Pelliccione, M. F. Moraes, J. L. R. Galvão, L. A. Mello, E. S. Silva. *Análise de Falhas em Equipamentos de Processo* – Mecanismos de Danos e Casos Práticos. Rio de Janeiro: Interciência, 2014.

(12) C. R. F. Azevedo. Análise de Falhas de Implantes Cirúrgicos no Brasil: A Necessidade de uma Regulamentação Adequada. *Cadernos de Saúde Pública*, v. 18, n. 5, p. 1347-1358, outubro de 2002.

(13) M. Fonte, V. Anes. Crankshaft Failure Analysis of a Box Diesel Motor. *Engineering Failure Analysis*, v. 56, p. 109-115, 2015.

(14) F. Moebus, J. M. Pardal, C. A. Santos, S. S. M. Tavares, P. A. Louzada, C. Barbosa, D. S. Santos. Failure Analysis in High Pressure Thermoplastic Hose Fittings Submitted to Cold Forming by Swaging Process. *Engineering Failure Analysis*, v. 74, p. 109-115, 2017.

(15) C. R. F. Azevedo. Failure Analysis of a Crude Oil Pipeline. *Engineering Failure Analysis*, v. 14, p. 978-994, 2007.

(16) J. M. Pardal, S. S. Carvalho, C. Barbosa, T. R. Montenegro, S. S. M. Tavares. Failure Analysis of AISI310SPlate in an Inert Gas Generator Used in Off-Shore Oil Platform. *Engineering Failure Analysis*, v. 18, p. 1435-1444, 2011.

(17) S. S. M. Tavares, J. M. Pardal, G. C. Souza, P. S. P. Garcia, E. S. Barbosa, C. Barbosa, I. Cardote Filho. Study of Cracks in the Weld Metal Joint of P91Steel of a Superheater Steam Pipe. *Engineering Failure Analysis*, v. 56, p. 464-473, 2015.

(18) C. Barbosa, J. L. Nascimento, R. O. Centeno, I. M. V. Caminha, I. C. Abud. Análise de falha de anel de desgaste de aço inoxidável martensítico. In: Anais do XVII CBECIMAT, Foz do Iguaçu, 15 a 19 de novembro de 2006.

(19) C. T. Santos, C. Barbosa, M. J. Monteiro, I. C. Abud, I. M. V. Caminha, C. R. Roesler. Fretting Corrosion Tests on Orthopedic Plates and Screws Made of ASTM F138Stainless Steel. *Research on Biomedical Engineering*, v. 31, n. 2, 2015, p. 169-175.

(20) C. Barbosa, I. C. Abud, T. S. Barros, S. S. Carvalho. Failure Analysis of Tool Steel-Based Compaction Punch Used in Powder Metallurgy. *Journal of Failure Analysis and Prevention*, p. 104-108, 2016.

(21) C. Barbosa, I. C. Abud, I. M. V. Caminha, R. P. C Cunha, O. C. Pereira. Analysis of the Premature Failure of a Maxillofacial Implant. *Journal of Failure Analysis and Prevention*, p. 120-125, 2017.

(22) C. Barbosa, I. C. Abud, T. S. Barros, S. S. Carvalho. Microstructural Analysis of the Failure of a Cast Iron Cylinder Head of a Thermoelectrical Plant Motor. *Journal of Failure Analysis and Prevention*, p. 424-429, 2015.

(23) C. Barbosa, J. L. Nascimento, I. M. V. Caminha, I. C. Abud, S. S. Carvalho. A Microstructural and Fractographic Study on the Failure of a Drive Shaft. *Journal of Failure Analysis and Prevention*, p. 693-699, 2011.

(24) C. Barbosa, S. K. Barros, I. C. Abud, J. L. Nascimento, S. S. Carvalho. Failure Analysis of an Aqua Tubular Boiler Tube. *Journal of Failure Analysis and Prevention*, p. 654-659, 2012.

(25) C. Barbosa, I. C. Abud, T. S. Barros, S. S. Carvalho, I. M. V. Caminha. Microstructural and Fractographic Study on the Failure of Surgical Torch Meters. *Journal of Failure Analysis and Prevention*, p. 765-770, 2013.

(26) C. Barbosa, I. C. Abud, T. S. Barros, S. S. Carvalho, I. M. V. Caminha. Microscopic Analysis of Fractured Screws Used as Implants in Bone Fixation. *Journal of Failure Analysis and Prevention*, p. 372-375, 2014.

(27) C. T. Santos, C. Barbosa, M. J. Monteiro, I. C. Abud, I. M. V. Caminha, C. R. Roesler. Characterization of the Fretting Corrosion Behavior Surface and Debris from Head-taper Interface of Two Different Modular Hip Prostheses.*Journal of the Mechanical Behavior of Biomedical Materials*, v. 62, p. 71-82, 2016.

(28) C. Barbosa, J. L. Nascimento, R. O. Centeno, I. M. V. Caminha, I. C. Abud. Failure Analysis of Titanium-Based Dental Implant. *Journal of Failure Analysis and Prevention*, v. 10, 2010, p.138-142.

(29) G. E. Vander Voort. Microstructural Analysis of Steel from the World Trade Center Buildings 7, &1 or 2 – The Role of Heat and Hot Corrosion in the Failure. Palestra apresentada no 58° Congresso Anual da ABM, realizado de 21 a 24 de julho de 2003, no Rio de Janeiro.

(30) A. J. McEvily. *Metal Failures* – Mechanisms, Analysis, Prevention. New York: John Wiley & Sons Inc., 2002.